钻井工程造价管理丛书

钻井工程工艺

（第二版）

黄伟和　著

石油工业出版社

内 容 提 要

本书从工程造价管理的角度介绍钻井工程与工艺，将钻井工程的基本概念、基本工艺、主要技术和生产要素有机地结合在一起。阐述了钻井工程的基本概念、基本方法、基本工艺、主要分类、主要成果、主要特点、重要作用和地位，介绍了钻前工程中勘测工程、道路工程、井场工程、动迁工程、供水工程、供电工程以及队伍人员、设备工具和主要材料，介绍了钻进工程中钻井作业、钻井服务、固井作业、测井作业、录井作业、其他作业以及队伍人员、设备工具和主要材料，介绍了完井工程中完井准备、完井作业、射孔作业、测试作业、压裂作业、酸化作业、其他作业以及队伍人员、设备工具和主要材料。

本书可供从事石油天然气勘探开发建设项目的钻井工程造价管理、工程设计、项目管理、规划计划、财务资产、企管法规、生产运行、市场开发、审计、监察等工作的人员阅读，也可作为相关人员的培训教材。

图书在版编目（CIP）数据

钻井工程工艺／黄伟和著．—2版．—北京：石油工业出版社，2020.7

ISBN 978-7-5183-4136-8

Ⅰ．①钻⋯　Ⅱ．①黄⋯　Ⅲ．①钻井工程　Ⅳ．① TE2

中国版本图书馆 CIP 数据核字（2020）第 127262 号

出版发行：石油工业出版社有限公司
　　　　　（北京朝阳区安定门外安华里 2 区 1 号　100011）
　　　　　网　　址：www.petropub.com
　　　　　编辑部：(010) 64523561
　　　　　图书营销中心：(010) 64523633
经　　销：全国新华书店
印　　刷：北京中石油彩色印刷有限责任公司

2020 年 7 月第 2 版　2020 年 7 月第 1 次印刷
787 毫米 ×1092 毫米　开本：1/16　印张：12.75
字数：300 千字

定价：80.00 元
（如出现印装质量问题，我社图书营销中心负责调换）

前　言

为了全面加强中国石油钻井工程造价管理，提高造价专业人员的管理能力和管理水平，笔者从 2002 年开始编写钻井工程造价培训教材，并于 2004 年开始举办第 1 期中国石油天然气集团公司钻井工程造价管理人员培训班，至今已经举办了 16 期。这期间，培训内容与时俱进，目前的培训课程包括钻井工程工艺、钻井工程造价管理、钻井工程计价方法、钻井工程计价标准。以全过程、全要素、全风险、全团队的全面造价管理思想为指导，通过持续深入研究，钻井工程造价管理理论经历了开创、发展、升华 3 个阶段，形成了一套钻井工程造价管理知识体系，包括钻井工程工艺、钻井工程全过程造价管理方法、钻井工程全过程工程量清单计价方法、钻井工程全过程工程量清单计价标准。为合理确定和有效控制钻井工程造价、系统解决钻井工程降本增效问题、全面开展钻井工程造价管理信息化建设、大幅提升钻井工程造价管理科学化水平打下坚实基础。

钻井就是利用机械设备和人力从地面将地层钻成孔眼的工作，是围绕井的建设与信息测量而实施的一项资金与技术密集型工程。从石油工业角度讲，钻井工程是建设地下石油天然气开采通道的隐蔽性工程，即采用大型钻井设备和一系列高精密测量仪器，按一定的方向向地下钻进一定的深度，采集地层岩性、物性和石油、天然气、水等资料，并且建立石油天然气生产的安全通道。

本书从工程造价管理的角度介绍钻井工程与工艺，系统地将钻井工程基本概念、基本工艺、主要技术和生产组织需要的队伍人员、设备工具、主要材料有机地结合在一起，共分 4 章。第 1 章阐述了钻井工程的基本概念、基本方法、基本工艺、主要分类、主要成果、主要特点、重要作用和地位。第 2 章介绍了钻前工程中勘测工程、道路工程、井场工程、动迁工程、供水工程、供电工程的基本概念、工艺流程、主要内容和主要技术与方法，以及钻前工程队伍人员、设备工具和主要材料。第 3 章介绍了钻进工程中钻井作业、钻井服务、固井作业、测井作业、录井作业、其他作业的基本概念、工艺流程、主要内容和主要技术与方法，以及钻进工程队伍人员、设备工具和主要材料。第 4 章介绍了完井工程中完井准备、完井作业、射孔作业、测试作业、压裂作业、酸化作业、其他作业的基本概念、工艺流程、主要内容和主要技术与方法，以及完井工程队伍人员、设备工具和主要材料。

本书可供从事石油天然气勘探开发建设项目的钻井工程造价管理、工程设计、项目管理、规划计划、财务资产、企管法规、生产运行、市场开发、审计、监察等工作的人员阅读，也可作为相关人员的培训教材。

由于石油天然气钻井行业专业技术性强，工程造价管理涉及面广，加之笔者水平和知识有限，书中不妥之处在所难免，敬请读者批评指正，提出宝贵意见和建议，以便今后不断完善。

目　　录

1 钻井工程概述

1.1 钻井工程基本概念

井是人类探查地下资源并将它们采出地面必要的物质和信息通道，按开采地下矿藏资源的种类可以分为水井、油井、气井、盐井、硫黄井等。钻井就是利用机械设备和人力从地面将地层钻成孔眼的工作，是围绕井的建设与信息测量而实施的一项资金与技术密集型工程。

从石油工业角度讲，钻井工程是建设地下石油天然气开采通道的隐蔽性工程，即采用大型钻井设备和一系列高精密测量仪器，按一定的方向向地下钻进一定的深度，采集地层岩性、物性和石油、天然气、水等资料，并且建立石油天然气生产的安全通道。

钻井工程建设的对象是以某种井身结构显现的一口井，如图1-1所示。一口井的整个井眼称井身，井身中的某一段称井段，井的最上部称井口，井的最下部称井底，井眼的直径称井径，井口沿井眼至井底的长度称井深。

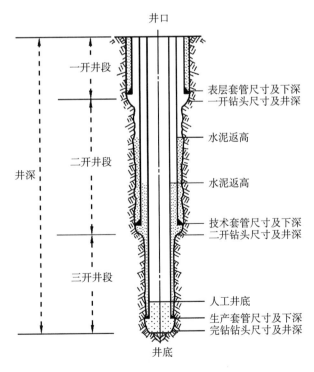

图1-1　井身结构示意图

1.2 钻井工程基本方法

钻井方法的历史变革归结为 4 种方式：人工掘井、人工冲击钻井、机械顿钻（绳索冲击钻）钻井、旋转钻井。目前，石油天然气钻井方法有顿钻钻井和旋转钻井两大类。旋转钻井又分为转盘旋转钻井、井下动力旋转钻井、顶部驱动钻井 3 种方法。旋转钻井是从机械顿钻钻井演变而来的。相比顿钻钻井，旋转钻井具有很多优点，已被广泛应用。

1.2.1 顿钻钻井方法

顿钻钻井也叫冲击钻井，它是通过地面提升设备将钢丝绳拉起，使钻头提离井底，再向下冲击，使岩石破碎；再不断地向井内注水，将岩屑和泥混成泥浆；再下入捞砂筒捞出岩屑，使井眼不断加深，如图 1-2 所示。

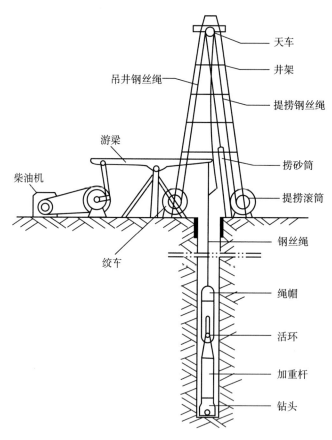

图 1-2 顿钻钻井示意图

顿钻钻井是一种古老的钻井方法，功率小，速度慢，只适用于几十米到几百米的浅井。在某些油层埋藏浅的地区，用顿钻钻井，钻井成本很低；而用旋转钻井，钻井成本就会高很多。

1.2.2 转盘旋转钻井方法

转盘旋转钻井是通过地面一套设备，即钻机、井架和一套提升、旋转系统，将井下钻具提起、下放、转动，使钻具带动钻头旋转，不断破碎岩石；破碎了的岩屑被泵入井内的钻井液沿着循环系统带到地面；钻头磨损以后，将钻具起出来换上新的钻头，再重新下钻钻进，使井眼不断加深，如图 1-3 所示。

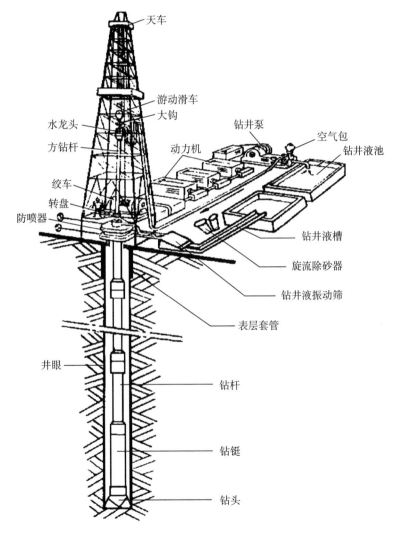

图 1-3 转盘旋转钻井示意图

1.2.3 井下动力旋转钻井方法

井下动力旋转钻井就是在钻头上接上井下动力钻具，以循环的钻井液作动力，通过井下动力钻具的转子旋转带动钻头破碎岩石，使井眼不断加深。井下动力钻具包括涡轮钻具和螺杆钻具，如图 1-4 所示。这类钻具转速高，配合使用金刚石钻头后，可大大提高钻井速度。这种钻井方法特别适用于钻定向井和水平井。

1.2.4 顶部驱动钻井方法

顶部驱动钻井是通过安装在水龙头上的顶部驱动装置（图1-5），从井架空间上部直接旋转钻柱，并沿井架内专用导轨向下移动，完成钻柱旋转钻进。顶部驱动钻井不仅比转盘旋转钻井具有更大的功率，而且可以节省接单根时间，提高钻井效率。同时，顶部驱动钻井还可以进行倒划眼操作，解除在起下钻过程中出现的卡钻等复杂情况，从而大大缩短了钻井周期，使得这种钻井方法得到了较快发展。

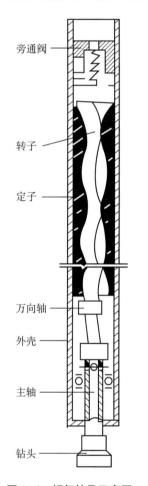

图1-4 螺杆钻具示意图

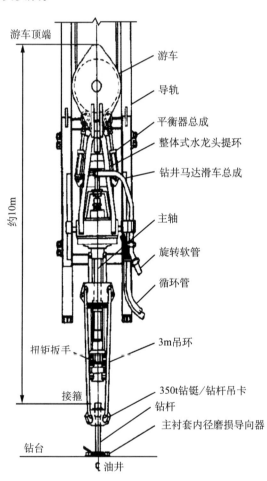

图1-5 顶部驱动装置示意图

1.3 钻井工程基本工艺

一口井的钻井工程建设过程就是一条生产流水线，如图1-6所示，通常需要20～30支施工队伍共同完成。按照钻井设计要求，先后实施钻前工程、钻进工程、完井工程，完成整口井的建设，进行竣工交井，油气井投入生产。

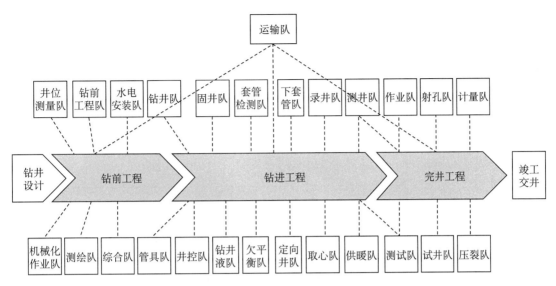

图 1-6　钻井工程基本工艺流程示意图

1.3.1　钻前工程基本工艺

钻前工程是为油气井开钻提供必要条件所进行的各项准备工作。钻前工程基本工艺流程和主要工作内容如图 1-7 所示。

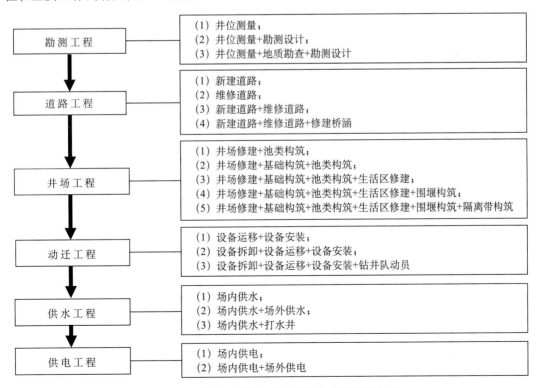

图 1-7　钻前工程基本工艺流程和主要工作内容

1.3.2 钻进工程基本工艺

钻进工程是按照钻井地质设计和钻井工程设计规定的井径、方位、位移、深度等要求，以钻井队为主体，相关技术服务队伍共同参与，采用钻机等设备和仪器，从地面开始向地下钻进，钻达设计目的层，建成地下油气通道。钻进工程基本工艺流程和主要工作内容如图1-8所示。

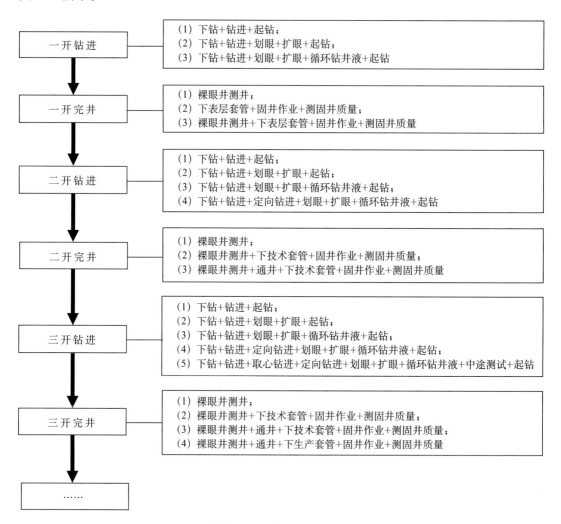

图1-8 钻进工程基本工艺流程和主要工作内容

1.3.3 完井工程基本工艺

完井工程是在钻达设计要求的全井完钻井深后，以作业队为主体，相关技术服务队伍共同参与，采用修井机等设备和仪器，按设计确定的完井方式进行施工，直至交井。完井工程基本工艺流程和主要工作内容如图1-9所示。

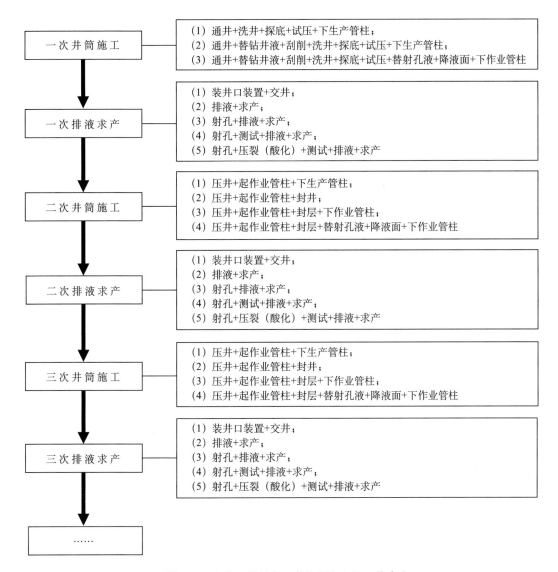

图 1-9　完井工程基本工艺流程和主要工作内容

1.4　钻井工程主要分类

石油天然气钻井工程分类方式有很多种，分类的标准也有所不同。从石油天然气勘探开发建设项目钻井工程管理角度，参考中国石油天然气集团公司统计核算研究组编著、2016 年由石油工业出版社出版的《统计核算指标解释》一书，钻井工程主要分类介绍如下。

1.4.1　按设计目的分类

按照地质设计目的分为探井和开发井两类。

1.4.1.1 探井

探井指为查明地层及地下矿藏情况所钻的井，通常包括地层探井（又称区域探井、参数井或基准井，国外一般称野猫井）、预探井、详探井（又称评价井）、地质浅井（又称剖面探井、制图井或构造井）等。

1.4.1.2 开发井

开发井指为开发地下矿藏、补充地层能量以及为研究已开发区地层情况变化所钻的井，通常包括油气井（又称生产井）、注水（气）井（又称辅助生产井）、调整井（又称滚动开发井）、检查资料井（又称观察井）、浅油（气）井等。

1.4.2 按井眼轨迹分类

按照井眼轨迹轴线方向分为直井和定向井两类。

1.4.2.1 直井

直井指按照钻井设计规定的钻井工艺和方法，井斜控制在标准规定要求的范围内所钻的井。其特点是井眼轨迹总体趋势是垂直的，如图 1—10 所示。

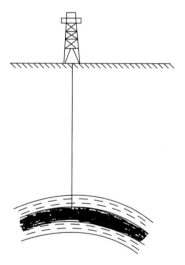

图 1—10　直井示意图

1.4.2.2 定向井

定向井指在钻井过程中，所要钻达的地质目标在非自然造斜方向具有水平位移、闭合方位、靶区方位等要求，并需要采用定向专用工具、仪器及定向钻井工艺技术才能钻达靶区的井。其特点是井眼轨迹总体趋势是非垂直的。

按照最大井斜角度，定向井分为一般定向井、大斜度定向井和水平井 3 类。一般定向井指最大井斜角小于 45°的定向井，如图 1—11 所示。大斜度定向井指最大井斜角大于或等于 45°、小于 86°、井段超过 300m 的定向井，如图 1-12 所示。水平井指最大井斜角大于或等于 86°，并保持这种角度钻完一定长度水平段的定向井，其水平段长一般超过 300m，如图 1-13 所示。

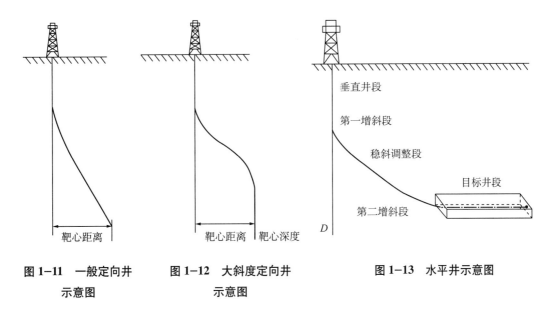

图 1-11　一般定向井　　　　图 1-12　大斜度定向井　　　　图 1-13　水平井示意图
　　　　示意图　　　　　　　　　　示意图

　　按照不同的井型，定向井分为丛式井、多底井（分支井）和大位移井 3 类。丛式井指在一个井场或钻井平台上，按照设计要求，钻出两口或两口以上的一组井（包括直井和定向井）；地面有几个井口，地下就有几个对应的井底，如图 1-14 所示。多底井（分支井）是在一个井筒内，按设计要求，向不同的方向和距离钻两个以上的井眼；地面只有一个井口，地下有多个井底（眼），并呈放射状向不同方向展开，如图 1-15 所示。大位移井通常是指井的水平位移与井的垂深之比（HD/TVD）不小于 2 的定向井，如图 1-16 所示。

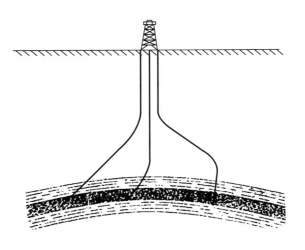

图 1-14　丛式井示意图

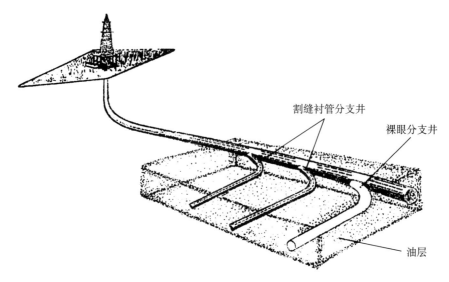

图 1-15　多底井（分支井）示意图

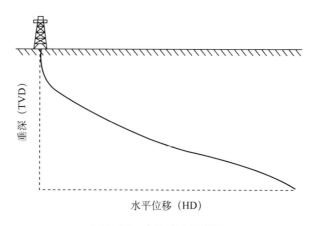

图 1-16　大位移井示意图

1.4.3　按钻井深度分类

按照钻井深度分为浅井、中深井、深井和超深井 4 类，见表 1-1。

表 1-1　按钻井深度分类情况

类别	井深区间 1	井深区间 2	井深区间 3	井深区间 4
浅　井	$H \leqslant 1500\mathrm{m}$	$H \leqslant 2000\mathrm{m}$	$H \leqslant 2000\mathrm{m}$	$H \leqslant 2500\mathrm{m}$
中深井	$1500\mathrm{m} < H \leqslant 2800\mathrm{m}$	$2000\mathrm{m} < H \leqslant 4000\mathrm{m}$	$2000\mathrm{m} < H \leqslant 4500\mathrm{m}$	$2500\mathrm{m} < H \leqslant 4500\mathrm{m}$
深　井	$2800\mathrm{m} < H \leqslant 4000\mathrm{m}$	$H > 4000\mathrm{m}$	$4500\mathrm{m} < H \leqslant 6000\mathrm{m}$	$4500\mathrm{m} < H \leqslant 6000\mathrm{m}$
超深井	$H > 4000\mathrm{m}$		$H > 6000\mathrm{m}$	$H > 6000\mathrm{m}$

注：(1) 表中 H 表示井深。
　　(2) 井深区间 3 为《统计核算指标解释》中的分类情况。

1.4.4　按钻井地域分类

按照钻井地域分为陆地井和海上井两类。

1.4.4.1　陆地井

陆地井指在陆地范围内所钻的井，包括在湖泊、沼泽和人工岛所钻的井。

1.4.4.2　海上井

海上井指在海洋范围内所钻的井，按海域可分为：

（1）浅海区钻井。一般指靠近海岸、水深在 2～5m 海域所钻的井。

（2）近海区钻井。一般指浅海区外围离岸较远、水深在 5～500m 海域所钻的井。

（3）远海区钻井。一般指远离海岸、水深超过 500m 海域所钻的井。远海区的海洋深井一般按照海水深度分为中深水（500～1500m，含 1500m）、深水（1500～3000m，含 3000m）、超深水（3000m 以上）。

1.4.5　按投资管理分类

根据石油天然气勘探开发项目投资管理需要，钻井工程分为探井、评价井、开发井 3 类。

1.5　钻井工程主要成果

钻井工程的最终主要成果包括两种形态的资产。第一种是有形资产，即具有石油天然气开采价值的探井、开发井和做其他用途的地质报废井。第二种是无形资产，即反映地下地质情况和油气藏的生、储、盖、运、圈、保等信息的资料。

1.6　钻井工程主要特点

钻井工程与一般地面建设工程有很大不同，主要有以下 6 个特点：

（1）施工对象隐蔽性。钻井工程施工对象在地下，施工范围是直径几十厘米到十几厘米、深度数百米到数千米的圆柱形井筒，看不见，摸不着，是一个完全隐蔽性工程。

（2）施工手段集成性。钻井工程以集成配套的钻井设备、固井设备、测井设备等大型设备和高精密仪器为主要施工手段，每一套设备价格都是数百万元至数千万元，甚至高达数亿元。

（3）专业技术密集性。钻井、固井、测井、录井等施工队伍人员都需要很强的专业知识和专业技能，各专业之间不能互相替换。一口井的建设需要多支队伍共同完成。

（4）生产组织连续性。钻井工程一旦开工，施工过程一般不能中断，必须每天 24h 连续施工，各工种之间配合必须按程序连续作业。如钻井队打完进尺后，必须马上由测井队进行裸眼井测井；测井完成后，必须马上再由钻井队下套管，紧接着由固井队实施固井作业。

（5）工程投资大额性。钻井工程投资额度大，每口井的钻井工程投资一般都在数百万元至数千万元，甚至有些井的钻井工程投资高达数亿元。

（6）风险因素多样性。钻井工程涉及地质风险、环境风险、技术风险、经济风险、政治风险等各种各样的风险。地质风险主要指地下情况复杂而对钻井工程造成的影响，如设计地层厚度与实际钻遇地层厚度的变化很大、设计地层压力与实际地层压力差异大等。环境风险主要是在野外露天钻井施工，刮风、下雨、下雪、洪水暴发等都会影响施工。技术风险主要指由于设计、施工操作和测量的不完善，导致工程出现复杂情况，甚至发生井喷、火灾等恶性事故。经济风险主要是油料、化工材料、工具等市场价格变化对钻井工程成本产生影响。政治风险主要是政治经济政策的变化甚至政府的更替都会对钻井工程产生直接影响。

1.7　钻井工程重要作用

钻井工程是石油天然气勘探开发项目中一个关键工程，其重要作用表现在以下 3 个方面：

（1）钻井工程是发现油气田的最终手段。所有通过地质调查、地震、重力、磁力、电法、化学等地球物理化学勘探方法得到的对地下认识，所有经各种论证而确定的勘探部署方案，都需要钻探井来证实。通过钻开地层，直接从地层取得地下信息资料，发现油气层。因此，决定勘探效益的关键环节落在钻井工程上。钻井工程是油气勘探部署最终决策的落脚点。

（2）钻井工程是油气田新增储量和保持产量的主要措施。每年都需要钻大批的评价井、开发井来保证油气田增储上产。近年来，中国每年新钻井 20000～30000 口，保证中国原油年产量维持在 2×10^8t 左右，天然气年产量在 1000×10^8m³ 以上并持续增长。

（3）钻井工程是石油天然气勘探开发项目中投资最大的工程。钻井工程投资一般占石油天然气勘探开发项目总投资的 50%～70%，钻井工程投资的高低决定了石油天然气勘探开发项目投资的高低。近年来，中国每年新增钻井工程投资在 1000 亿元以上。

1.8　钻井工程重要地位

钻井工程是石油工业中的一个基础性、关键性、控制性工程。1859 年 8 月 27 日，德雷克（E.H.Drake）上校在美国宾夕法尼亚州的石油湾钻出第一口具有商业开采价值的现代工业油井（井深 69.5ft），普遍被认为这是近代世界石油工业的开始。如果没有钻井深入地下数百米至数千米发现并采出石油天然气，就不可能有汽油、柴油和各种化工产品，更不可能有家家用的天然气和各种日用品。没有钻井就没有现代石油工业，就没有现代生活。

2　钻前工程工艺

钻前工程是为油气井开钻提供必要条件所进行的各项准备工作。钻前工程通常由勘测工程、道路工程、井场工程、动迁工程、供水工程、供电工程、其他作业等构成。

2.1　勘测工程

2.1.1　井位勘测基本要求

井位勘测也称定井位，是按地质设计要求，结合地形、水文、地质及施工条件，勘查测量并确定井口位置。定井位的基本原则是：地面服从地下，地下照顾地面，经济安全，保护环境。一般有以下基本要求：

（1）全面考虑地形、地势、地物、土质、地下水位、水源、排水、交通条件等情况，充分利用有利地形，做到少占耕地，靠近水源，少修道路，方便施工，并便于废液处理场地的布置，优选出最佳井位点。

（2）选择井位应尽量避开洪水区、山洪暴发区、山体滑坡带、泥石流等不良地段和海滩地、沼泽地及砾石带等土方工程难度大及易冲刷的地区。

（3）根据设计井深、建井周期、钻机型号、钻井泵型号及其他工程技术方面的要求确定井位。在地质设计井位允许的前提下，尽量满足工程设计的要求。现场实地测量时，井位移动距离是以井口为中心的 50m 范围内变动；当地面条件满足不了设计要求时，可移动井位后打定向井达到勘探开发的目的。

2.1.2　井位测量

井位测量是按钻井地质设计要求，结合地形、水文、地质及施工条件，采用光电测量方法或卫星定位方法测量确定井口位置。井位测量基本工艺流程如图 2-1 所示。

2.1.2.1　井位测量基本要求

一般一口井的井位测量分为井位初测和设备就位后的井位复测。井位测量遵从石油天然气行业标准 SY/T 5518《石油天然气井位测量规范》最新版本的有关规定。

2.1.2.2　主要测量方法

2.1.2.2.1　光电测量方法

采用光电测量仪器进行野外测量。主要设备包括全站仪、经纬仪、测距仪、水准仪等，是由机械、光学、电子元器件组合而成的测量仪器，可以同时进行角度（水平角、竖直角）

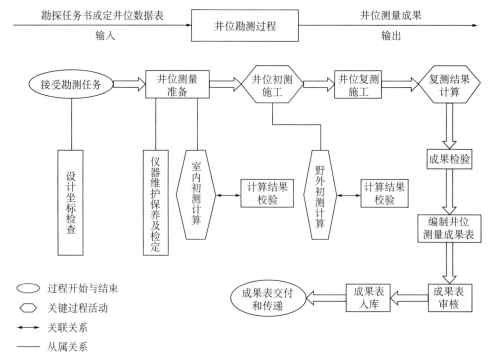

图 2-1　井位测量基本工艺流程

测量、距离（斜距、平距、高差）测量和数据处理。

　　测量井位时，首先设定测站点的三维坐标，通过设定后视方向的水平度盘读数确定测量点的方位角，再通过电磁波或光波反射时间或脉冲数量测量距离，计算显示测量点的三维坐标。测量方法有 3 种：（1）极坐标法；（2）导线法；（3）前方交会法。极坐标法主要用于井位初测，导线法和前方交会法主要用于井位复测。

2.1.2.2.2　卫星定位方法

　　利用人造地球卫星系统进行井位测量。全球四大卫星导航系统包括美国全球定位系统（GPS）、俄罗斯"格洛纳斯"系统（GLONASS）、欧洲"伽利略"系统（GALILEO）、中国"北斗"系统。测量井位主要采用 GPS 设备：星站差分卫星定位仪、动态 RTK 卫星定位仪、卫星导航仪。

　　卫星定位仪即 GPS，其全称为卫星测时测距导航／全球定位系统（Navigation Satellite Time and Ranging/Global Positioning System）。测量井位时，采用 GPS 信号接收机捕获到按一定卫星截止角所选择的待测卫星信号后，即可测量出接收天线至卫星的伪距离和距离的变化率，接收机中的微处理计算机就可按定位解算方法进行定位计算，计算出用户所在地理位置的经纬度、高度、速度、时间等信息，再按一定的方法计算出大地坐标。

　　井位初测时采用 GPS 实时测量，精度高、速度快、作业灵活，但只能在有良好卫星接收条件的地区实施，否则会出现较大误差或假值。井位复测时，如果把 GPS 放在似网状的井架中心，会导致卫星信号频繁失锁，使 GPS 很难解算，几分钟的工作常常要等上近一个小时，而全站仪可以弥补 GPS 的不足。所以，为了更精确定位井位，二者配合使用最好，初测时用 GPS，复测时用全站仪。

2.1.3 地质勘查

广义地讲，地质勘查是根据经济建设、国防建设和科学技术发展的需要，对一定地区内的岩石、地层构造、矿产、地下水、地貌等地质情况开展调查研究工作。

钻前工程中的地质勘查主要是通过钻孔查明井场和道路所在地区地质条件的工程地质勘查。工程地质勘查钻孔的孔径大多数是 168mm 开孔，91mm 终孔，这样的孔身结构能够满足一般的勘探、试验要求。近年来，在工程地质勘探中逐渐推广应用小口径的金刚石钻头，金刚石钻头直径有 76mm、66mm、46mm、36mm 等几种规格，较一般的钻头要小得多，故称之为"小口径"。

2.1.4 勘测设计

2.1.4.1 道路勘测

2.1.4.1.1 道路勘测主要内容

道路勘测是对搬迁钻井设备等所经道路和拟修建道路进行实地调查了解，为顺利安全搬迁所做的准备工作。道路勘测的主要内容是施工单位有关人员勘察沿途的道路路况、隧道、工业和民用建筑以及桥梁和涵洞的承载能力，掌握沿途横跨道路的通信线、电力线、高架管线等情况，估算道路里程，估计土石方、桥梁、涵洞等工程数量，估计修路长度及越岭线的高差等，并编写调查报告，据此确定施工方案。

2.1.4.1.2 道路勘测报告基本内容

（1）概述。包括道路勘测的依据、组织和经过；道路路线的地理位置以及在公路网中的作用；阐明所拟修建道路的原则和推荐方案在技术上的可行性。

（2）道路概况。包括道路路线经过的主要控制点、走向、长度；经过地区的地形、地质、土壤、水文、气象、地震、筑路材料及经济资源；越岭跨河、水库影响和严重地质不良地段；重点工程及其数量。

（3）方案比选。包括主要道路路线、大桥的论证及推荐；推荐道路路线所经控制点、走向和独立大桥桥位及主要技术指标；有关部门对道路路线、大桥方案的意见；工程数量、投资、占用土地数量以及钢材、木材、水泥等主要材料用量的估算。

（4）工作安排意见。设计阶段或勘测工作安排意见。

若在已开发的老油气田老区块钻井，也可不编写此勘测报告。

2.1.4.1.3 道路设计主要要求

（1）土石方工程量少。尽量利用已有的乡村公路、土路和桥涵，并按进井场道路要求进行改造；尽量避免填大深沟和远距离运土，修筑道路不得在距井场 10m 以内地方取土；

地形复杂时，要进行多方案设计比较，优选最佳方案进行施工；在条件允许的情况下考虑机械化施工方案。

（2）便于道路与井场的衔接。进井场道路一般由井场前方或侧面进入，在地形限制和土方量特别大的情况下，可由井场后方进入，但不得占用井场。

（3）道路要符合相关标准规定。一般进井场道路路基宽度为6m，路面宽度为3.5m，拐弯处路面要加宽1～2m，最小转弯半径6m，在适当距离内还要有会车道路。道路要设计排水沟，根据需要设置排水涵洞及道路标志。

（4）确定进井场道路类型。通常有简易道路、四级公路两种类型，简易道路是首选。

（5）绘制道路平面图。一般包括地形、地物、地貌；道路路线中心线及导线、偏角、里程桩号；桥涵隧道位置及结构类型、孔径、长度；人工构造物位置；曲线要素；土地及作物类型；主要材料料场位置等。

2.1.4.2 井场勘测

2.1.4.2.1 井场勘测主要要求

井场是钻井施工必需的作业场所，井场勘测就是实地勘查测量钻井施工井场。根据石油天然气行业标准SY/T 5225—2019《石油天然气钻井、开发、储运防火防爆安全生产技术规程》，其主要要求包括：

（1）确定井位前，设计部门应对距离探井井口5km、生产井井口2km以内的居民住宅、学校、厂矿、坑道等地面和地下设施的情况进行调查，并在设计书中标明其位置。油气井与周围建（构）筑物的防火间距按《石油天然气工程设计防火规范》（GB 50183）的最新标准规定执行。

（2）油气井井口距高压线及其他永久性设施应不小于75m；距民宅应不小于100m；距铁路、高速公路应不小于200m；距学校、医院和大型油库等人口密集性、高危性场所应不小于500m。

（3）钻井现场设备、设施的布置应保持一定的防火间距。有关安全间距的要求包括但不限于：钻井现场的生活区与井口的距离应不小于100m；值班房、发电房、库房、化验室等井场工作房、油罐区、天然气储存处理装置距井口应不小于30m；发电房与油罐区、天然气储存处理装置相距应不小于20m；锅炉房距井口应不小于50m；在草原、苇塘、林区钻井时，井场周围应有防火墙或隔离带，隔离带宽度应不小于20m。

2.1.4.2.2 井场勘测报告基本内容

井场勘测报告通常包括以下内容：
（1）项目概况。包括勘探开发项目概况和钻井施工井场要求。
（2）地理环境。包括井场周围地形、地貌特征；地质特征及复杂情况；邻区及邻近井的施工情况；水文和水质情况，包括河流、湖泊、水库、水渠和地下水等；可能发生的自然灾害；农业及水利设施；钻井施工区的工业、民用建筑及水力、电力设施；文物和遗址；野生动植物分布及保护区，旅游资源保护区。

（3）社会环境。包括钻井作业区域的民族分布、民俗民情；社会治安；交通和通信设施；医疗条件和设施；地方病及传染病；施工所在地有关健康、安全与环境的法律、法规情况；气象情况；外部依托情况，主要是在发生单靠钻井队力量无法控制的紧急情况时，可依托的当地医疗急救、消防、治安力量和环境监测部门，以及与这些单位、机构、人员的通信联络方式方法。

（4）井场布置设计。井位确定后，即可进行井场布置设计。

若在已开发的老油气田老区块钻井，也可简化此勘测报告。

2.1.4.2.3 井场设计

井场设计主要内容有井场平面设计和井场横断面设计。

2.1.4.2.3.1 井场平面设计

井场平面设计主要是井场场地平面布置要求，主要内容如下：

（1）根据各种类型钻机要求进行井场设计布置，ZJ40D、ZJ40DB、ZJ50D、ZJ50DB 电动钻机井场布置如图 2-2 所示。

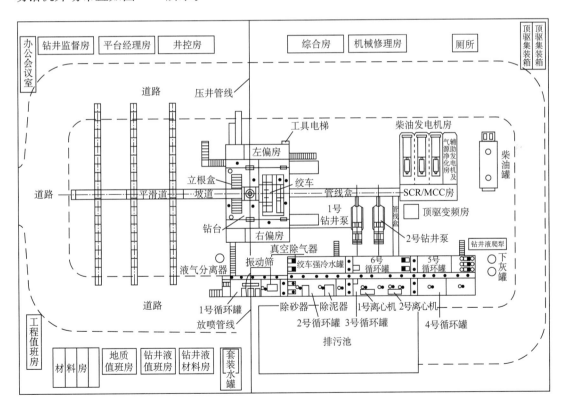

图 2-2　ZJ40D、ZJ40DB、ZJ50D、ZJ50DB 电动钻机井场布置示意图

（2）井场的朝向以背风和不受烈日曝晒为原则，同时应考虑与道路衔接方便。

（3）井场内设备基础不得设置在管线上。井架安装好后，井架绷绳不应触及电线、通信线，一般井位距电线 40m 以外。井位无法移动时，应考虑移动这些电线、管线。

（4）井架大门前的长度应保证井架整体安装和拆卸作业的需要，井架大门前的宽度要满足按三层排列摆放固井所用技术套管或生产套管的需要，并能保证车辆可以倒车、调头。

（5）井场布置要满足季节生产及防喷、防爆、防火、防毒、防冻等工作要求。

（6）井场周围应与毗邻的农田隔开，不允许废油、污水、钻井液等流入田间或溪流，以防井场外地表淡水源被污染。

（7）油罐、水罐、储浆罐应放在高处，使用时能自动流向使用的地方，油罐位置应考虑尽量远离火源及油罐车卸油方便。

（8）值班房、工具房要考虑工作方便，值班房应距井口稍近，以便能看到钻台上的情况。

（9）道路从井场的前方或侧面进入，能通行到装卸车的地方。

（10）需要借助爆破方式施工的井场，炸药和雷管要分别运输和存放，不可混装，并要有公安机关颁发的准运证及押运证。

（11）锅炉房的位置应根据井场设备布置和地形进行合理选择，一般安装在井场右后方或左前方。

（12）锅炉专用煤场的位置距井口不少于 40m，距油罐区不少于 15m，距锅炉房不少于 5m，距井场其他设施不少于 5m。

（13）在国家规定的水源保护区、名胜古迹、风景游览区、盐池及重要水利工程区禁止进行钻探活动，如遇特殊需要进行施工，必须经有关部门和环保部门同意。

（14）在含硫化氢地区钻井，需测主风向；井口位于主风向上方，大门朝向下风向，主风向下方距道路不少于 30m，井场边缘距村镇 1000m 以上，井场应有两个出入口。

2.1.4.2.3.2 井场横断面设计

井场横断面设计主要是场基面坡度和排水沟的设计，井场标准横断面如图 2-3 所示。

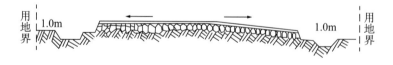

图 2-3　井场标准横断面

场基面的坡度常设置单向横坡或双向横坡，坡度为 1%～2%，使井场积水流入水沟排走，在基墩部分之外，做向井口倾斜 1% 的坡度，使井口附近积水流入方井，从暗沟中排走。井场两侧设有排水沟，排水沟尺寸一般底宽为 0.4m，深为 0.6m。如汇水量过大而有漫溢可能时，则应根据径流量，在迎水一侧加设一道或数道截水沟，或加大排水沟断面。排水沟至场基应有一定距离，称为自然护道，其宽度约 0.8m。为了使排水沟内水不影响场基的稳固性，在无排水沟的一侧也应设护道，以免外部有积水时对场基产生不利影响。排水沟至用地界线应留有一定宽度，以保持沟壁的完整性。

半挖半填场基是在山区或丘陵地区修井场时常采用的一种场基平整方法，如图 2-4 所示。为了保证山坡场基的稳定和节省场基土石方数量，在外边坡坡脚上可用大块石、条石叠砌成挡土墙加固坡脚。

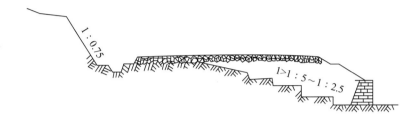

图 2-4　半挖半填场基的横断面

2.2　道路工程

2.2.1　道路结构

道路指为满足各种钻井设备进出井场，以及保证钻井施工期间生产材料的拉运而修建的道路。道路主要由路基、路面组成，如图 2-5 所示。

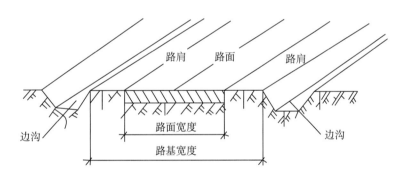

图 2-5　路面和路基示意图

路基是路面的基础，是用当地的土石填筑或在原地面开挖而成的道路主体结构，一般路基土分为碎石土、砂土、砂性土、粉性土、黏性土、重黏土 6 类。

路面是在路基表面上用各种不同材料或混合料分层铺筑而成的一种层状结构物。它的功能是要保证汽车以一定的速度，安全、舒适而经济地行驶。路面按其组成的结构层次从下至上又可分为垫层、基层和面层，如图 2-6 所示。

2.2.2　道路修建

道路修建主要内容是修建简易道路或达到四级公路标准的进井场道路，以及道路使用过程中的维护。

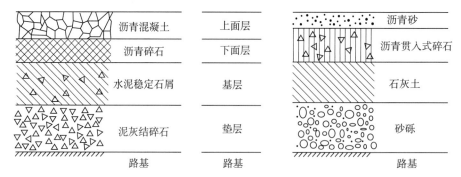

图 2-6 等级路面结构层示意图

2.2.2.1 简易道路修建

2.2.2.1.1 路基修筑

路基修筑是简易道路的重点，一般采用当地的土，水平分层平铺并压实，最低厚度500mm。钻井工程周期较短时，原有土路或乡村公路路基较稳定，可按所需宽度修平后压实成为路基。

2.2.2.1.2 路面修筑

简易道路路面有石灰土路面、碎砾或废矿渣路面两种类型。

石灰土路面除干旱地区及黏性太低的土不适用外，其余地区均适用。石灰土路面施工应在冰冻前一个月完成。石灰土路面修筑材料：轻黏土、重亚黏土、粉质重亚黏土、粉质轻亚黏土。

碎砾或废矿渣路面根据当地情况，利用碎砖或废矿渣铺筑路面，一般铺 4 次，每次铺撒厚度为 100～150mm，并反复压实。

2.2.2.2 四级公路修建

四级公路路面宽度 3.5m，平原微丘地区路基宽 6.5～7m，山岭重丘地区路基宽 4.5m。

2.2.2.2.1 路基修筑

路基修筑的主要工程内容是小型人工构造物修筑和路基土石方工程。

小型人工构造物修筑主要是小桥、涵洞、挡土墙等，通常要求先行完工。

路基土石方工程主要是开挖路堑，填筑路堤路基，压实整平路基表面，修建排水沟渠及防护加固工程，这是路基施工的关键。路基施工常采用机械化施工方式，常用的施工机械有松土机、平地机、推土机、铲运机和挖掘机。此外，还有羊角碾等夯实压实工具。

2.2.2.2.2 路面修筑

四级公路路面是泥结碎石路面。这种路面以碎石为骨料，以黏土为结合料，主要靠碎石颗粒互相嵌挤和黏性土壤的黏结作用达到稳定路面的目的，是中国公路多年来常用的结构类型。泥结碎石路面的优点是施工简单，在盛产石料、黏土而缺乏砂料的地方可以广泛采用。缺点是水稳定性差，平整度较差，雨天易泥泞，晴天易扬尘，养护工作量大。

泥结碎石路面的施工方法主要有灌浆法和拌和法。

（1）灌浆法施工工序：备料 → 制备泥浆 → 铺撒碎石 → 初步碾压 → 浇灌泥浆 → 铺撒嵌缝料 → 碾压 → 交工。这种方法符合泥结碎石路面的特点，可获得最大的嵌挤和摩阻作用，因而使路面具有较高的强度和稳定性。

（2）拌和法施工工序：备料 → 铺撒碎石 → 铺撒黏土 → 拌和 → 洒水 → 碾压 → 交工。这种方法除了要保证碎石的嵌挤和摩擦作用外，还要求提高路面的密实度，其碾压工作量小，路面成型快。

2.2.2.3 特殊地区道路修建

2.2.2.3.1 沙漠地区

沙漠地区可用特种塑胶连续格栅直立于路两侧，网格用砂子填实，或用竹笆子、钢板等铺在路上。

2.2.2.3.2 川藏地区

川藏地区有些井位选在岩石上，需放炮施工修筑道路，需用大量人工和施工机械，为特殊作业。其道路宽度、转弯半径、路面倾向、会车地点、护坡、挡土墙等均另有要求。

2.2.2.3.3 滩涂地区

滩涂地区道路施工一般采取以下措施：（1）清除淤泥，排除积水，填入好土并逐层夯实；（2）用竹篱笆分层铺设道路，分层填入袋装土或毛石等，视滩涂情况，一般需三层以上，每层厚300mm；（3）用编织袋、草袋、毛石等砌置边坡，砌置的边坡要呈鱼鳞状；（4）若上述方法无法修筑道路，则考虑修筑水泥混凝土道路。

2.2.2.3.4 浅海地区

在浅海地区钻井时，有时要修筑海堤。按与海水接触的方式分为围堤和突堤两种类型。围堤是单侧向海，用于围地；突堤则伸入海中，两侧与海水接触。按海堤的断面结构类型分为直立式、斜坡式和介于两者之间的混合式，目前渤海湾几个油田建成的海堤基本上为斜坡式土堤或斜坡式土石堤。修筑海堤是一项较为复杂且工程量很大的工程，应按海洋工程相关技术要求实施。

2.2.2.4 维修道路

钻井周期长，行驶车辆多，时常会压坏进井场道路；自然条件恶劣，如山区雨水多，经常冲垮道路。因此，进井场道路要经常进行维护，包括维修路基、路面、边沟、错车道、护坡等，保证进出井场车辆正常安全行驶。

2.2.3 桥涵修建

桥涵分类基本参数见表2-1。进井场道路中通常仅需要修建涵洞。涵洞一般由洞身和洞口两部分组成，如图2-7所示。

表2-1 桥涵分类基本参数

序号	桥涵分类	多孔跨径总长 L（m）	单孔跨径 L_K（m）
1	特大桥	$L > 1000$	$L_K > 150$
2	大桥	$100 \leqslant L \leqslant 1000$	$40 \leqslant L_K < 150$
3	中桥	$30 \leqslant L < 100$	$20 \leqslant L_K < 40$
4	小桥	$8 \leqslant L \leqslant 30$	$5 \leqslant L_K < 20$
5	涵洞	$L \leqslant 8$	$L_K < 5$

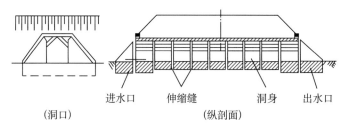

（洞口）　　　　　　　　　　　（纵剖面）

图2-7 涵洞组成

在石油钻井行业，桥涵载荷以通过40t平板挂车计算。应尽量利用原有桥涵，原有桥涵承载能力不够时，可在上面铺钢板、钻杆排或套管排。钻杆排平行铺设，单个钻杆排宽度应在500mm左右；钻杆排必须搭接在两岸之外，两头均需超过岸边2m。桥涵中的通信线、电力线、高架管线等不得妨碍车辆行驶，否则要采取措施架高或深埋。

2.3 井场工程

井场工程是在确定的井场范围内，为满足各种钻井设备、钻井工具的摆放，铺垫、平整施工场地，开挖、砌筑各种池类，构筑钻机及设备基础。主要工程内容是根据井场设计，进行井场标高测量，画线定桩，平整井场和生活区，修建沉砂池、废液池、放喷池、垃圾坑、圆井（方井），清理余土等。

2.3.1 测定井场基准线

如图2-8所示，井场基准线由两条相互垂直的轴线组成，一条是井场中轴线，为由井口中心至井场大门中心的延伸线；另一条是井场横轴线，为由井口中心引出的垂直于中轴线的直线。图 2-8 中 A 直线和 B 直线这两条轴线是井场所有构筑物施工放样的主要依据。在井场修建前，要用经纬仪或其他方法将轴线引伸到施工区之外的地方，用石桩或木桩作为标记固定，以备校核之用。

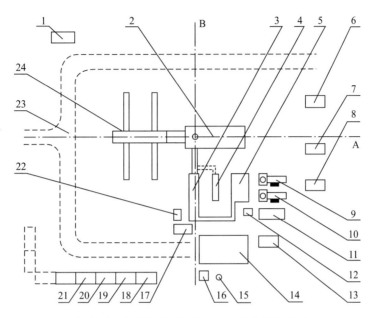

图 2-8 井场修建基准线及构筑物布局示意图

A—井场中轴线；B—井场横轴线；1—锅炉房；2—钻台；3—1 号沉砂池；4—2 号沉砂池；5—钻井液池；6—发电机；7—压风机；8—高架油罐；9—1 号钻井泵；10—2 号钻井泵；11—振动筛；12—除砂泵；13—石粉爬犁；14—储备池；15—水井；16—高架水罐；17—20m³ 水池；18—综合录井房；19—地质值班房；20—钻井液化验房；21—工程值班房；22—药池；23—井场道路；24—管架

2.3.2 常规井场修建

（1）井场和生活区平整。平整铺垫井场和生活区，清理转移余土。

（2）池类构筑。主要是构筑沉砂池、废液池、放喷池、垃圾坑（井场和生活区各 1 个）等，不同地区、不同钻机、不同井别会有差异。

（3）圆井（方井）构筑。圆井（方井）是在钻机基础中心用人工开挖并砌筑一个深度 1.5～1.7m、直径或边长 2m 的圆井（方井）。圆井（方井）的主要作用是满足套管头及井控装置安装的需要。

2.3.3 特殊基础构筑

2.3.3.1 现浇基础构筑

现浇基础又称固定基础或死基础，是现场浇筑的一次性使用的基础。有混凝土浇筑基础、填石灌浆基础两种。现场施工中普遍采用填石灌浆基础。

2.3.3.1.1 开挖基础坑

基础埋置深度主要依据地基承载力、钻机负荷等确定。冬季基础埋置深度主要根据土壤冻结深度确定，例如大庆油田 1.6～2.0m、华北油田 0.6～1.0m、胜利油田 0.4～0.55m、玉门油田 1.0～1.4m。为防止井架底座被水及其他物质浸泡或腐蚀，基础底表面最好高出地面 100mm。

基础尺寸必须根据钻井设备本身要求确定。在进行深井和钻机负荷大的井架基础施工时，由于地基（土壤）强度的限制，要加宽基础底部的尺寸。

（1）基础顶面面积计算公式为

$$S = \frac{p_{C1}}{S_p} \tag{2-1}$$

式中　S——基础顶面面积，m^2；

　　　p_{C1}——基础面上的压力，kN；

　　　S_p——混凝土抗压强度，一般为 2755.6kPa。

（2）基础底面面积计算公式为

$$S_1 = \frac{p_{C2}}{\delta_a} \tag{2-2}$$

式中　S_1——基础底面面积，m^2；

　　　p_{C2}——土地面上的压力，kN；

　　　δ_a——土地抗压强度，约为 98～127kPa。

（3）基础高度计算公式为

$$H = \frac{(S_1 - S)p_{C1}}{4S_1\sqrt{SJ_S}} \tag{2-3}$$

式中　H——基础高度，m；

　　　S_1——基础底面面积，m^2；

　　　S——基础顶面面积，m^2；

　　　p_{C1}——基础面上的压力，kN；

　　　J_S——混凝土抗剪强度，一般为 3442.1kPa。

按施工图纸，用白灰在地上画出基础开挖的范围。开挖尺寸应大于基础图上所标定的尺寸，俗称放宽余线，在黏土、亚黏土地层为场基时，只要挖深 0.5～0.7m 即可。如果场基土层是淤泥质软土，就应对软土进行技术处理，方法有石灰桩、木桩、沙桩、灰土搅拌桩等，目的是提高地基承载力，保证钻井设备在地基依托下安全运转。

2.3.3.1.2 浇筑基础

（1）填石灌浆基础：挖好基础坑后，再回填片石至地面，用水泥砂浆或混合砂浆砌筑。

（2）混凝土基础：挖好基础坑后，浇筑混凝土。要求水泥、中砂、碎石配合比为

1：2：4，配合比按质量计算。所用材料要选择适当，水泥要求为标号 325 以上的普通水泥，砂子为小于 5mm 的洁净中砂，碎石尺寸 5～40mm，水为洁净的饮用水。混凝土达到设计强度 80% 以上时才允许安装井架设备。

2.3.3.2 桩基基础构筑

当井场地基处在淤泥或软质土层较厚时，采用浅埋基础不能满足钻井施工对地基变形的要求，做其他人工地基又没有条件或不经济时，常采用桩基基础来满足钻机设备基础的承载能力。

桩基基础的作用是将钻机载荷通过桩传给埋藏较深的坚硬土层，或通过桩周围的摩擦力传给基础。前者称为端承桩，后者称为摩擦桩，如图 2-9 所示。

端承桩适用于表层软质土层不太厚，而下部为坚硬土层。端承桩的上部荷载主要由桩尖阻力来平衡，桩侧摩擦力较小。

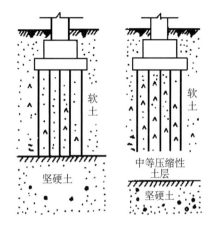

图 2-9 桩基基础

摩擦桩适用于软质土层较厚，下部有中等压缩性的土层，而坚硬土层距地表很深。摩擦桩的上部荷载由桩侧摩擦力和桩尖阻力共同来平衡。

按施工方法分为钢筋混凝土预制桩、振动灌注桩、钻孔灌注桩、爆扩桩、水泥搅拌桩、石灰桩。

2.3.3.2.1 钢筋混凝土预制桩

这种桩预先在钢筋混凝土构件厂或现场预制，然后用打桩机打入土中。预制桩横截面尺寸不小于 20cm×20cm，一般为 25cm×25cm、30cm×30cm，桩长一般不超过 12m。在选择打桩机时，必须注意锤重与桩重相适应，否则不是桩打不下去，就是把桩打坏。

2.3.3.2.2 振动灌注桩

这种桩是将带活瓣桩尖的钢管经振动沉入土中至设计标高，然后在钢管内灌入混凝土，再将钢管振动拔出，使混凝土留在孔中，即成灌注桩。灌注桩直径一般为 30cm，桩长一般不超过 12m。

2.3.3.2.3 钻孔灌注桩

这种桩施工方法是使用钻孔机械在桩位上钻孔，然后在孔内灌注混凝土。桩的直径有 30cm、40cm、50cm 等。钻孔灌注桩的优点是振动噪声比打桩机小，其缺点是灌注混凝土时质量不易控制，有断桩缩颈现象，影响桩的承载力。

2.3.3.2.4 爆扩桩

爆扩桩是指利用钻机钻或爆扩等方法成孔，孔径 30～50cm。成孔后放入用塑料布或玻璃瓶包装的炸药包（药量经试验确定），并浇筑混凝土至离孔口 30cm，迅速将药包通电引爆，在巨大气压下，孔底形成一个圆头球体，并随即捣实混凝土，再插入钢筋骨架，二次浇混凝土，捣实后即成爆扩桩。目前，广泛用孔深 3m 左右的爆扩短桩。因爆扩桩头较大，故承载力较高，但施工经验不足时，容易产生缩颈现象。图 2−10 为爆扩桩施工过程示意图。

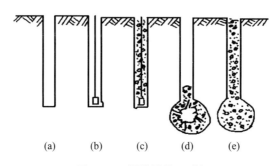

图 2−10　爆扩桩施工过程

（a）直径 30~50cm 钻孔；（b）将炸药包放入孔内；（c）浇筑混凝土；
（d）引爆炸药包；（e）在爆破孔内捣实混凝土

2.3.3.2.5　水泥搅拌桩

水泥搅拌桩是用水泥搅拌法加固深厚层软黏土地基，适用于海滨相淤泥、淤质黏土的软质地基。它以水泥等材料为固化剂，利用专用机械在地基深部就地将固化剂与软黏土强制拌和，将软土固化成为具有足够强度、变形模量和稳定性的水泥加固土，从而达到地基加固的目的。

2.3.3.2.6　石灰桩

石灰桩是用石灰加固软质地基。石灰桩的成桩方法是将搅拌器旋入土中达到要求的深度，即石灰柱的长度，然后反向旋转慢慢地退出。在向上退出的过程中，用压缩空气将生石灰通过搅拌器上端的孔洞压入土中。对于直径为 50cm 的石灰桩，通常的石灰用量是 14~24kg/m。石灰桩的深度一般可达 10~15m。用石灰加固软质地基一般有块灰灌入法、粉灰搅拌法、石灰浆压力喷注法。

2.3.4　井场围堰构筑

在大风雪地区、海滩附近，积雪、水淹等易对钻井生产造成危害，或对周围环境造成危害，均应进行隔离工程施工，筑围堰，避免被风吹的积雪、海水进入井场。

构筑围堰一般就地取材或从周边地区取材，在井场使用面积外围，砌筑梯形截面的低矮围堰，通常其下底尺寸 × 上底尺寸 × 高度为 2m×1.4m×1.4m，仅留两个出入口，紧急情况时全封闭。用编织袋装上泥土等堆成鱼鳞状更佳。一般围堰延长米为 500~600m，总土方量 2200~3000m³。

2.3.5 隔离带构筑

在草原、林区、苇田等易引起火灾地区和大风雪地区，均应修建隔离带，避免草原、林区、苇田的火源进入井场或风吹积雪进入井场。

在井场使用面积外围，利用推土机等施工机械，推成一个宽 8～20m 不含任何杂草的光秃地带，施工延长米为 500～750m。

2.3.6 人工岛建造

在浅海地区钻井时，有时要建造人工岛，在人工岛上建设钻井井场。浅海地区人工岛主要有堆积式人工岛、钢导管架平台结构人工岛、大型沉箱式人工岛、桩排围堰式人工岛、固定式钢筋混凝土沉井式人工岛等结构类型。砂石类人工岛是一种堆积式人工岛，是浅海地区海油陆采的主要方式，它的建造通常与海堤联系在一起，建造技术与海堤基本相同。建造人工岛是一项较为复杂且工程量很大的工程，应按海洋工程相关技术要求实施。

2.4 动迁工程

动迁工程指一整套钻井设备的拆卸、运移、安装以及钻井队动员。

2.4.1 钻井设备组成

钻井设备包括提升与旋转系统、动力与传动系统、钻井液循环与净化系统、辅助设备及设施、井控系统、井场用房、安全设施、生活设施等。ZJ50/3150 钻机基本配置参见表 2-2。

表 2-2 ZJ50/3150 钻机基本配置表

序号	设备名称	单位	数量	主要参数	配套要求
一	提升与旋转系统				
1	井架	套	1	最大名义钩载：3150kN	二层台容量：直径 114mm 钻杆，28m 立根，5000m；配套管扶正台、登梯助力器、辅助滑轮、死绳稳定器等；旋吊扒杆选配；满足安装顶驱要求
2	底座	套	1	转盘梁载荷：3150kN 立根盒载荷：1600kN	钻台面高：9m/7.5m，净空高：7.5m/6m；立根盒容量：直径 114mm 钻杆，28m 立根，5000m；配钻台逃生滑道 1 个、坡道 1 个、梯子 3 个；防喷器吊装置、底座移动装置选配
3	绞车	套	1	额定功率：1100～1470kW	钢丝绳直径：35mm；滚筒整体开槽；主刹车可采用盘刹或盘刹和电动机制动组合方式，辅助刹车可采用气动推盘式刹车或电磁涡流刹车；电动钻机配相应功率的驱动电动机；自动送钻选配

续表

序号	设备名称	单位	数量	主要参数	配套要求
4	天车	套	1	最大名义钩载：3150kN	主滑轮6个，快绳轮1个，钢丝绳直径：35mm；配辅助小滑轮4个（带安全链），天车起重架，游吊系统悬挂装置（倒大绳用，也可设置在井架上）；配防碰木；满足安装顶驱要求
5	游车	套	1	最大名义钩载：3150kN	滑轮6个，钢丝绳直径：35mm
6	大钩	套	1	最大名义钩载：3150kN	配吊环（最大名义钩载3150kN）
7	水龙头	套	1	最大静载荷：4500kN 最大工作压力：35MPa	可选用两用水龙头
8	转盘	套	1	最大静载荷：4500kN 通孔直径：698.5mm	配钻头盒；转盘防滑垫、各种补心选配；机械钻机转盘独立驱动，配相应功率的驱动电动机；推荐使用ZP375型转盘
9	顶驱	套	1	额定载荷：4500kN	选配
10	司钻控制室	套	1		包括钻井仪表、司钻操作台和监视器等
11	死绳固定器	套	1		包括传感器、指重表（含记录仪）
二	动力与传动系统				
1	柴油机或发电机组	套	3	总功率：2400～4000kW	机械钻机的单台柴油机功率：≥800kW；电动钻机的单台柴油发电机功率：≥1000kW（600V，50Hz）
2	辅助发电机	台	1～2	总功率：300～1000kW	单台发电机功率：≥300kW；机械钻机可配节能发电机
3	SCR或VFD控制系统	套	1		含发电机控制单元、整流柜/变频柜、MCC单元等；配不小于1250kVA干式变压器
4	机械传动装置	套	1		可选用皮带、链条、齿轮等传动方式及相应的配套设备
5	标准化防爆电路	套	1		集中控制固控系统、井场照明、辅助设施和生活区供电；机械钻机配MCC房
三	钻井液循环与净化系统				
1	钻井泵	台	2	单台功率：≥956kW	配底座、皮带轮及相应的传动系统；电动钻机配额定功率的电动机；配空气包充气装置；灌注泵可选配
2	钻井液循环管汇	套	1	通径：103mm 压力：≥35MPa	可选配双立管
3	循环罐	套	1	有效容积：≥320m³	包括带容积标识及标尺的计量罐、吸入罐、混合加重罐、锥形沉砂罐、药品罐、搅拌器、钻井液枪、清水管线、液位报警装置、钻井液坐岗房等；储备罐选配
4	振动筛	台	2～3	单台处理量：≥200m³/h	满足安装200目筛布的要求
5	除气器	台	1	处理量：≥180m³/h	

续表

序号	设备名称	单位	数量	主要参数	配套要求
6	除砂器	台	1	处理量：≥ 200m³/h	
7	除泥器	台	1	处理量：≥ 200m³/h	
8	砂泵	台	2	单台排量：200m³/h	
9	离心机	台	2	单台处理量：≥ 40m³/h	
10	剪切泵	台	1	排量：≥ 155m³/h	
11	加重泵及混合漏斗	套	2	单台排量：≥ 200m³/h	
四	辅助设备及设施				
1	气源及净化装置	套	1	压力：0.8～1.0MPa 排量：5.5m³/min	含2台空气压缩机、空气处理装置和储气罐（容积：≥ 4m³）；推荐电动螺杆压缩机
2	燃油罐	套	1	总容积：≥ 80m³	机械钻机配高架油罐
3	清水罐	套	1	总容积：≥ 80m³	
4	液压猫头	套	2	单台拉力：100kN	
5	液压旋转猫头	套	1	拉力：30kN	
6	机具液压站	套	1		
7	动力小绞车	台	2	拉力：50kN	钻台面配2台；猫道尾端选配1台
8	气动小绞车	台	1	拉力：5kN	选配
9	猫道、钻杆排放架	套	1		
10	钻杆动力钳	台	1	最大扭矩：125kN·m	带升降装置
11	倒绳机	套	1		
12	电焊机	套	1		
13	气焊设备	套	1		
五	井控系统				
1	井控系统	套	1		按行业标准 SY/T 5964 和工程设计配备
六	井场用房				
1	发电房	栋	2～3		按发电机组实际数量配备
2	钻台偏房	栋	1～2		
3	气源房	栋	1		电动钻机选配
4	钻井值班房	栋	1		
5	钻井液化验值班房	栋	1		
6	钻井监督房（驻井房）	栋	1		选配
7	配件材料房	栋	2		含机械修理间
8	钻井液材料房（台）	套	1		选配
9	油品房	栋	1		

序号	设备名称	单位	数量	主要参数	配套要求
七	安全设施				
1	天车防碰装置	套	1		具有机械、电子等两种及以上防碰装置
2	消防器材	套	1		
3	防坠落装置	套	2		
4	二层台逃生装置	套	2		
5	钻台逃生滑道	个	1		
6	可燃气体检测仪	套	1		选配
7	H₂S 及其他有害气体检测仪	套	1		含硫化氢地区和区域探井按行业标准SY/T 5087 要求配备
8	正压式呼吸器	套	1		含硫化氢地区和区域探井按行业标准SY/T 5087 要求配备
八	生活设施				
1	厨房	套	1		
2	餐厅	套	1		
3	食品储存房	栋	1		
4	生活水储备及供水系统	套	1		
5	淋浴洗澡房	栋	1		
6	洗衣房	栋	1		选配
7	会议室	栋	1		
8	队长（平台经理）房	栋	1		
9	职工住房	栋	11		按6人间计；含医务室、招待所
10	厕所	栋	2		井场、生活区各1栋

2.4.2 设备拆卸与安装

钻井设备拆卸与安装的施工过程往往相反。拆卸时先拆卸各种设备，再拆卸井架；安装时先安装井架，再安装各种设备。

钻井设备拆卸与安装包括钻台设备及辅助设备、钻井泵、动力机、机泵房（防砂棚）、钻井液循环净化设备、罐、导管、大鼠洞、小鼠洞、井场用房和井架的拆卸与安装。

井架分为塔形井架和自升式井架两种。塔形井架安装有3种方法：自下而上的安装法、自上而下凯森堡安装法、地面整体组装提升法，现大部分采用自下而上的旋转扒杆安装法。自升式井架安装主要内容有摆放和固定底座、摆放和连接井架、装天车、摆放游车、穿钢丝绳、起井架等。

2.4.3　设备运移

2.4.3.1　正常运输动迁

正常运输动迁包括钻台设备及辅助设备、钻井泵、动力机、机泵房（防砂棚）、钻井液循环净化设备、罐、导管、大鼠洞、小鼠洞、井场用房、井架、野营房、活动基础的装配车、绑车、运输、卸车等。

如果在某个区块钻多口井时，新井场到老井场距离较近，钻井队生活用房往往不同钻机一起动迁，钻机动迁几次后，生活用房才搬迁一次。

活动基础分为钢筋混凝土预制基础、铁制基础（套管或钻杆基础）、木制基础、钢木基础。有些油田活动基础的转运和摆放需要单独的施工队伍负责。如果活动基础在钻机配套中，可以随钻机一起动迁。

顶部驱动装置集机械、电控、液压技术信息于一体，由顶驱本体、液压工作站和电控系统组成，配备上下滑动轨道，其拆卸、动迁、安装往往需要专业人员来完成。

2.4.3.2　井架整体运移

井架除了正常运输搬迁外，还可以采用整体运移方法，主要有以下3种：

（1）履带（或轮胎）式托架运移法。此方法是用专门履带（或轮胎）托架进行运移，适用于平坦和坡度不大的地区及较长距离的搬迁。

（2）滑轮运移法。此法是通过一套复滑轮系统来进行井架整体运移，主要用于丛式井组及地层承载能力较大的地区，是目前丛式井组应用较多的整拖方法。

（3）直拖运移法。此法是将一定数量的拖拉机串联起来，靠拖拉机的拉力拖拉井架向前移动，适用于地形平坦、中长距离的整拖。特点是使用拖拉机数量多，拖拉机速度快，但比较危险，容易倾倒或歪扭。

2.4.4　钻井队动员

钻井队动员指钻井队从基地或老井场动迁到新井场。一般钻井设备搬迁安装过程中，以钻前队为主，钻井队全程参与，有时钻井设备搬迁安装完全由钻井队独立完成。

在钻前工程的搬迁时间中，钻井队还要完成一开钻进前的各项准备工作。主要内容如下：

（1）挖圆井（方井）。若在井场工程中没有准备好圆井（方井），则在与天车、转盘相垂直的地面上，按照设计下入导管的直径及深度，挖出一个用来埋设、固定导管的圆坑（方坑）。

（2）下导管。导管主要用来固定地表疏松的土壤、流沙，并将钻井液从地表引导到循环系统的平面上。下入导管后要灌注水泥浆，俗称打水泥帽子。

（3）打鼠洞。冲或钻大鼠洞和小鼠洞。在地层较软时，可以用方钻杆带喷射钻头，用水力喷射的作用直接冲刷地层而成鼠洞；当地层较硬时，可以用动力钻具（涡轮或螺杆）带动钻头来钻凿地层而成鼠洞。

（4）配制钻井液。按钻井工程设计要求配制一开钻进用钻井液。

（5）组合钻具。按钻井工程设计要求组合一开钻进钻具结构。

（6）检查工具、材料准备情况。常用工具包括井口工具、钻具、手工工具、打捞工具、特殊井施工（如定向井、水平井）专用的仪器、仪表、专用工具等。常用材料包括钻头、油料、钻井液材料、各种设备的维修材料等。检查落实表层套管及工具送井情况，其数量、钢级、壁厚、外径是否符合钻井工程设计要求。

2.5　供水工程

供水工程是为钻井提供生产和生活用水的临时性配套工程。供水工程分为场内供水、场外供水、水井供水。

2.5.1　场内供水

场内供水是指井场内及生活区供水设施的设置和安装。主要工程内容如下：

（1）设置储水罐。在井场和生活区内分别设置储水罐。

（2）铺设水管线。根据井场和生活区布置情况和用水区域，铺设水管线，可采用金属管、胶质管、塑料管或玻璃钢管，管线直径应满足生产用水最大需求量。

（3）架设电线。架设供水泵用电的电源线。

2.5.2　场外供水

当使用场外河流、湖泊或水库等自然水源时，需要场外供水，也称为泵站供水。主要工程内容如下：

（1）设立水泵站。水泵站应设置在安全区，水泵至少配两台，有时在泵站处还要设置高架水罐，容量 $4m^3$ 以上；如供水距离较远，应在管路中加设加压泵。

（2）铺设管线。管线直径应满足生产用水最大需求量，可采用金属管、胶质管、塑料管或玻璃钢管；当采用金属管时，每根管线长度不宜大于 7.5m；横穿公路的管线，必须使用钢管；架空管线应采取固定措施。

（3）设置储水罐。井场内设置储水罐，水罐容量不小于 $20m^3$。

（4）架设电线。架设电源线，供水泵用电。

（5）水管线安装。井场和生活区水管线、阀门等连接和安装。

（6）专用水罐。需要使用生活水的井场，配备一个容量不小于 $4m^3$ 的密封水罐；生活区设置一个密封水罐，容量为 $10m^3$。

2.5.3　水井供水

水井供水主要是在井场内打一口水井。主要工程内容如下：

（1）在井场内打一口水井。

（2）在水井处设置临时泵站，配两台水泵。

（3）井场和生活区水管线、阀门等连接和安装。

（4）专用水罐。需要使用生活水的井场，配备一个容量不小于 $4m^3$ 的密封水罐；生活区设置一个密封水罐，容量为 $10m^3$。

2.6 供电工程

供电工程是为钻井提供生产和生活用电的临时性配套工程。供电工程分为场内供电和场外供电。

2.6.1 场内供电

场内供电主要是钻井施工和生活区场地内外供电线路安装和拆除。具体工作内容包括下述区域或设备的电缆或电线敷设、电器安装和拆卸：

（1）井架照明、钻台电动设备；

（2）钻井液循环照明、各电动设备；

（3）生活区照明、电动设备；

（4）井场、油罐区、井控装置照明、电动设备；

（5）井场内外供水系统照明、电动设备。

2.6.2 场外供电

场外供电指从地方电力系统的枢纽变电所或输电线路外接线路，经变压后输送至钻井施工工地。主要工程内容是施工场地外供电线路、设施修建安装，以及配电设施、变电设施、供电线路的安装、拆除等。

2.7 钻前工程队伍人员

钻前工程队伍人员与当地生产条件、施工单位生产组织方式、平均单台钻机年钻井工作量等密切相关。不同的生产组织方式其施工队伍和人员组成是有区别的，需要根据各油田实际情况确定合适的钻前工程施工队伍和人员。这里参考中国石油天然气集团公司企业标准 Q/SY 1011—2012《钻井工程劳动定员》，示例性地给出了钻前工程队伍人员情况。

2.7.1 平原丘陵地区钻前工程队伍定员

2.7.1.1 工作内容

（1）新井开钻前道路、井场的测绘，土石方爆破、施工及钻机基础施工，井场机泵房拆装及维修。

（2）水泵房至井区的管线拆装，井场高压线路的架设及低压照明线路的拆装、维修。

（3）金属钻台板的安装及修补。

（4）钻井队井架整拖、钻井设备拆卸及安装时供给所需的拖拉机，推土机、拖拉机上下井路途拖运，以及所有机动设备的维修。

2.7.1.2 适用地区

适用于大庆、吉林、辽河、大港、华北、胜利、中原、河南、江苏、江汉等地区。

2.7.1.3 队伍定员

劳动定员标准计算公式为

$$Y_1 = 52 + 4.5X \qquad (2-4)$$

式中　Y_1——平原丘陵地区钻前工程劳动定员人数，人；

　　　X——钻机数量，台；

　　　4.5——计算系数，人／台。

平原丘陵地区钻前工程队伍定员见表 2-3。

表 2-3　平原丘陵地区钻前工程队伍定员

序号	钻机数量（台）	合计（人）	管理人员（人）	工程施工队（人）	机械化作业队（人）	水电队（人）	综合队（人）
1	10	97	3	27	21	19	27
2	20	142	4	40	31	28	39
3	30	187	5	53	41	37	51
4	40	232	6	65	51	46	64
5	50	277	8	78	61	55	75
6	60	322	9	91	71	65	86
7	70	367	11	103	81	73	99
8	80	412	12	115	91	83	111
9	90	457	14	128	101	91	123
10	100	502	15	141	111	100	135

2.7.2　重丘山岭地区钻前工程队伍定员

2.7.2.1　工作内容

（1）新井开钻前的道路、桥涵、井场的测绘，包括选线、断面测量、地形测量、水准测量、钻前钻后井位的测量。

（2）新井开钻前道路、桥涵修建，井场土方施工、钻机及附属设施基础施工、井场机泵房建筑、维修，野营房基础施工，钻前施工机械设备的拖运及维修。

（3）井场内外电路、电器、水管线、排污管线安装、回收和维修。

2.7.2.2 适用地区

适用地区包括四川、重庆、云南、贵州等西南地区和江汉建南地区。

2.7.2.3 队伍定员

劳动定员标准计算公式为

$$Y_2 = 56 + 7.8X \tag{2-5}$$

式中　Y_2——重丘山岭地区钻前工程劳动定员人数，人；

　　　X——钻机数量，台；

　　　7.8——计算系数，人／台。

重丘山岭地区钻前工程队伍定员见表2-4。

表 2-4　重丘山岭地区钻前工程队伍定员

序号	钻机数量（台）	合计（人）	管理人员（人）	工程施工队（人）	机械化作业队（人）	测绘队（人）	水电队（人）
1	10	134	4	47	36	13	34
2	20	212	6	74	57	21	54
3	30	290	9	102	78	29	72
4	40	368	11	129	99	37	92
5	50	446	13	156	120	45	112
6	60	524	15	183	142	52	132
7	70	602	18	211	163	60	150
8	80	680	20	238	184	68	170
9	90	758	23	265	205	76	189
10	100	836	25	293	226	84	208

2.7.3　钻前工程队伍定员调整

（1）在新疆、青海、玉门、长庆等地区施工的钻前工程队伍，其人数在平原丘陵标准基础上乘以系数1.06。

（2）上述标准工作内容以外的队种，各施工单位可自定队伍人员标准。

（3）根据钻井工作量变化对钻前工程人员进行调整，调整系数见表2-5。

表 2-5　钻前工程队伍定员调整系数

平均单台钻机年完井口数（口）	2	3	4	5	6	7	8	9	10	11	12	13	14	15	16	17	18
调整系数	0.97	0.98	0.99	1.00	1.01	1.02	1.03	1.04	1.05	1.06	1.07	1.08	1.09	1.10	1.11	1.12	1.13

2.8 钻前工程设备工具

不同地区、不同钻机类型所要求的钻前工程主要施工设备和工具有所不同。表2-6给出了基于工程项目的钻前工程施工设备和工具，表2-7给出了某油田平均单台钻机配套的钻前工程施工设备和工具。

表2-6 基于工程项目的钻前工程施工设备和工具

序号	工程项目	主要设备和工具
1	勘测工程	全站仪、卫星定位仪、值班车
2	道路工程	土方机械：单斗挖掘机、推土机、铲运机、装载机、平路机； 石方机械：凿岩机、凿岩台车、潜孔钻、牙轮钻、单斗挖掘机、装岩机、耙式装载机、载重汽车、自卸汽车
3	井场工程	混凝土机械：破碎机、洗砂机、混凝土搅拌机、混凝土振捣器； 其他机械：打桩机、小钻机、吊车、卡车、值班车
4	动迁工程	吊车、卡车、拖车、客车、油罐车、拖拉机、工具车、餐车、旋转扒杆、滚筒车、整拖装置、电气焊设备、打孔机、发电车、值班车
5	供水工程	水井钻机、水泵、压风机、吊车、工具车、电气焊设备、发电车、值班车
6	供电工程	变压器、电气焊设备、吊车、卡车、工具车、值班车

表2-7 某油田平均单台钻机配套的钻前工程设备和工具

序号	设备和工具名称	规格型号	单位	数量
1	履带拖拉机	80kW 以上	台	1.5
2	单斗挖掘机	1m³ 以内	台	0.2
3	履带式推土机	80kW 以上	台	1.0
4	自行式平地机	75kW	台	0.4
5	光轮压路机	12 ~ 15t	台	0.4
6	自卸汽车	8t 以内	台	0.5
7	洒水汽车	6m³ 以内	台	0.2
8	汽车式起重机	30t 以内	台	0.5
9	装载机	ZL30	台	0.2
10	锅炉	1t	台	1.2
11	餐车		台	0.4
12	客车		台	0.4
13	井架安装车		台	0.4
14	水准仪		套	0.2
15	望远镜		套	0.2

序号	设备和工具名称	规格型号	单位	数量
16	生产指挥车		台	0.5
17	客货车	2.5t	台	0.4
18	静力触探车	ZJYY-20A	台	0.2
19	风动内燃凿岩机		台	0.2
20	经纬仪		套	0.02
21	卫星定位仪		套	0.002
22	管线探测仪		套	0.002
23	复印机		台	0.10
24	打印机		台	0.10
25	计算机		台	0.10

2.9　钻前工程主要材料

2.9.1　建筑材料

道路工程和井场工程的主要材料包括石材（料石、块石、毛石、碎石、砾石、风化石、条石等）、木材（原木、板材、方材等）、钢材（钢筋、钢板、型钢、钢管等）、复合材料（混凝土、砂浆等）、砂、土、矿渣、石灰、水泥、红砖以及火工材料（炸药、雷管、引爆线、导电线等）。

2.9.2　安装材料

（1）动迁工程材料包括各种钢丝绳、螺丝、螺母、绳套、绳卡、销子、别针、棕绳、安全带、旧钻杆、旧套管等。

（2）供水工程材料包括各种水泵、水管线、有缝管、无缝管、水阀、法兰、螺纹短节、三通、弯头、接箍、螺栓、螺母等。

（3）供电工程材料包括各种电杆、角铁、横担、瓷瓶、报箍、开关、电缆、铝芯皮线、花线、防爆灯、探照灯、灯泡、补偿器等。

3 钻进工程工艺

钻进工程是按照钻井地质设计和钻井工程设计规定的井径、方位、位移、深度等要求，以钻井队为主体，相关技术服务队伍共同参与，采用钻机等设备和仪器，从地面开始向地下钻进，钻达设计目的层，建成地下油气通道。钻进工程通常由钻井作业、钻井服务、固井作业、测井作业、录井作业、其他作业等构成。

3.1 钻井作业

3.1.1 钻井作业程序

钻井作业主要是由钻井队实施的钻井进尺工作和辅助工作，还要与测井队、固井队等配合实施各井段完井施工。图3-1给出了钻井作业程序及主要内容。

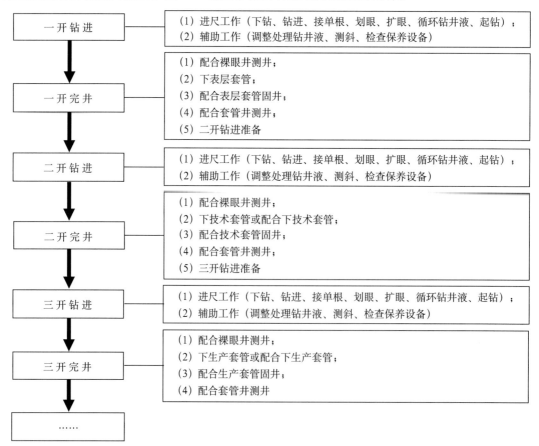

图3-1 钻井作业程序及主要内容

3.1.2 一开钻进

一开钻进是从埋设的导管内或从地面开始，钻至下入表层套管深度。一次开钻的时间是在准备工作就绪后，启动转盘，带动钻柱和钻头旋转，从破碎地层开始计算。一开钻进一般要使用较大尺寸的钻头，钻出较大的井眼。一开钻进施工内容如下：

（1）进尺工作。指使井眼不断加深的工作，包括下钻、钻进、接单根、划眼、扩眼、循环钻井液、起钻等工序。

（2）辅助工作。包括调整处理钻井液、测斜、检查保养设备等工作。

3.1.3 一开完井

一开完井施工内容如下：

（1）配合裸眼井测井。一开钻进井深较深时，要进行裸眼井测井，测量井径等参数，为固井作业提供参数。如果井深较浅时，有时不进行测井。

（2）下表层套管。一般按工程设计钻完进尺后，钻井队下表层套管。表层套管主要用来封隔上部松软的易塌地层和易漏地层，用以安装井口，控制井喷，支撑技术套管和生产套管，保护地表水不受污染。

（3）配合固井作业。表层套管下完后，按照工程设计要求，由固井队进行固井作业，需要钻井队配合。

（4）配合测固井质量。表层套管固井注水泥后，经过一定的候凝时间，使水泥浆达到一定强度，由测井队电测，检测固井质量。

（5）二开钻进准备工作：

①装井口。安装井口和套管头。套管头作用有 3 点：一是用来连接套管与井控装置，密封两层套管之间的环形空间；二是用来承接技术套管、生产套管、油管的重量；三是当固井质量不合格时，用来补注水泥。

②安装井控设备。井控设备包括封井器组、节流管汇、压井管汇、司钻控制台、远程控制台、方钻杆上旋塞和下旋塞等。首先在套管头上安装相应压力等级的封井器组，然后依次连接相关管汇和控制设备。井控设备安装好后，按照设计要求进行试压，合格后方可进行二次开钻。

③组合钻具。组合下部钻具结构，包括钻铤、扶正器、震击器、减振器的外径、数量、安放位置等。

④设备试运转。进行设备高压试运转，按照相关标准进行检查验收。

⑤处理钻井液。

⑥钻水泥塞。

3.1.4 二开钻进

二开钻进是从表层套管内，用小一级尺寸钻头继续钻进至下技术套管深度，若仅是二开井身结构，则钻进至完钻井深。二次开钻的时间是在表层套管内钻完水泥塞至一开钻进井深，钻头接触井底后，再重新破碎地层开始的时间。二开钻进施工内容如下：

（1）进尺工作。包括钻进、接单根、划眼、扩眼、起下钻、循环钻井液等。

（2）辅助工作。包括处理钻井液、测斜、检查保养设备等。

3.1.5　二开完井

二开完井施工内容如下：

（1）配合裸眼井测井。当二开钻进钻至地质设计的中途完井井深时，起钻，进行裸眼井测井，然后进行资料绘解，确定技术套管下入深度。

（2）通井。测井施工完成后，下一趟钻，进行通井，为下技术套管准备好井眼。若井眼条件良好，也可以不用通井。

（3）下技术套管。由钻井队或专业下套管队下技术套管。主要用于封固难以控制的复杂地层，以保证后续钻进作业顺利进行。

（4）配合固井作业。下完技术套管后，按照工程设计要求，由固井队进行固井作业，需要钻井队配合。

（5）配合测固井质量。技术套管固井注水泥后，经过一定的候凝时间，通常为 24～48h，使水泥石达到一定强度，由测井队电测，检测固井质量。

（6）三开钻进准备工作：

①安装井控设备，试压。

②组合下部钻具组合或更换钻具。

③调整和配制钻井液。

④钻水泥塞，磨阻流环或浮箍、浮鞋。

3.1.6　三开钻进

三开钻进是从技术套管内下入再小一级尺寸钻头往下钻进的过程。根据钻井地质设计和地下地质情况，可以一直钻进到完钻井深。完钻就是钻头钻到目的层不再往下钻进，转盘停止转动，钻头提出井口。三次开钻时间是在技术套管内，钻头钻完固井水泥塞至二开完钻时的井深后，再开始钻新井段的起始时间。三开钻进中的进尺工作、辅助工作都与二开钻进的工作内容相同，仅是在更深的井眼内实施。

3.1.7　三开完井

三开完井施工内容与二开完井施工内容基本一致，可能时间长些，配合施工项目多些。

（1）配合裸眼井测井。当三开钻进钻至钻井地质设计的完钻井深时，起钻，进行裸眼井测井，然后进行资料绘解，确定生产套管下入深度。

（2）通井。测井施工完成后，下一趟钻，进行通井，为下生产套管准备好井眼。

（3）下生产套管。由钻井队或专业下套管队下生产套管。

（4）配合固井作业。下完生产套管后，按照钻井工程设计要求，由固井队进行固井作业，需要钻井队配合。

（5）配合测固井质量。生产套管固井后，水泥经过 24～48h 凝固，然后由测井队电测，检查固井质量。

（6）甩钻具。如果生产套管固井质量检测合格，则钻井作业全部完成，钻井队开始甩钻具，准备搬迁到下一口井。如果生产套管固井质量检测不合格，则采取挤水泥等补救措施，直至固井质量检测合格。

对于一些深井，三开钻进可能只钻进到下第二层技术套管的中途完井井深，实施中途完井作业，需要进行四开钻进和四开完井，甚至五开钻进和五开完井，直到最后钻达目的层深度。每一次新的开钻都要使用小一些尺寸的钻头，在技术套管底部继续钻出新的井眼。

3.2 钻井服务

钻井服务指在钻井作业过程中，相关服务队伍配合钻井队施工。钻井服务与当地生产条件、钻井生产组织方式、钻井工艺要求等密切相关，常用到的钻井服务有管具服务、井控服务、钻井液服务、定向服务、欠平衡服务、取心服务、顶驱服务、旋转导向服务、中途测试服务、打捞服务、生活服务、保温服务等。并不是每个油田都要有上述钻井服务，而是根据具体情况确定。

3.2.1 管具服务

管具服务指在钻井作业过程中，由单独的服务队伍对钻具、井下工具、井口工具、特殊钻井工具等管具进行送井、回收、保养和修理等工作。主要工作内容如下：

（1）钻具及配合接头的检查、校直、探伤、冷修、喷焊、摩擦焊、磷化、热处理等修理、供井、回收。

（2）成品钻具管理及建档，取心工具、套铣筒、固井管汇等涉及管螺纹配件加工。

（3）井口工具（包括套铣钳、套管吊卡）、取心工具的制造加工。

（4）套管的提货、供井，井场剩余套管的回收，站内套管的检查、探伤、通径、试压等多工序检试，套管修理、套管短节加工和套管资料管理。

（5）设备、修理工具的零星配件的机加工和热处理。

（6）套管修理、套管短节加工和套管资料管理。

（7）井场钻具的转井倒运装卸和管理，站内钻具装卸，井场钻具回收。

（8）各种设备、车辆维修、器材采购、供应和管理以及所有生产辅助工作。

3.2.2 井控服务

井控服务指在钻井作业过程中，由单独的服务队伍对封井器组、节流管汇、压井管汇、司钻控制台、远程控制台、方钻杆上旋塞和下旋塞等井控设备进行送井、回收、保养和修理等工作。

3.2.3 钻井液服务

钻井液服务指由单独的服务队伍实施钻井液设计、现场配制钻井液和随钻施工服务的一整套技术服务。钻井液俗称泥浆，因此有时称泥浆服务。实施钻井液服务时，一般钻井队中不再设有钻井液作业工、钻井液工程师（技师、大班）等相关人员。

3.2.4　定向服务

在钻井作业过程中，采用一定的定向工艺技术措施和方法，沿着预先设计好的井眼轨迹（井身剖面）钻达目的层，这一钻进过程叫做定向钻井。定向钻井井眼轨迹类型如图3-2所示。

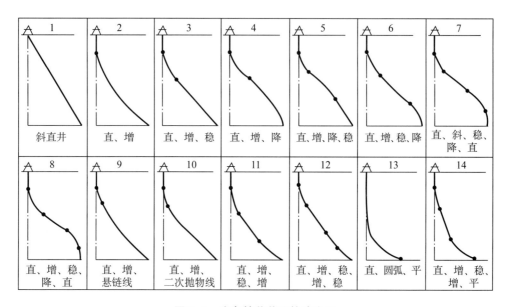

图3-2　定向钻井井眼轨迹类型

定向服务指在钻井作业过程中，由单独的服务队伍采用专门的定向造斜工具和测量仪器，在一定的工艺技术措施配合下，沿着钻井工程设计的井眼轨迹（井身剖面），钻进到目的层位。定向服务内容包括：定向井、水平井及特殊工艺井的技术支撑；井眼轨迹控制措施的制订；专用仪器的安装、现场维护及操作；协助进行井下复杂事故的处理。

3.2.5　欠平衡服务

在钻井作业过程中，利用自然条件或采取人工方法，在可以控制的条件下，使井筒内钻井液液柱压力低于所钻地层的压力，从而在井筒内形成负压，这一钻进过程叫做欠平衡钻井，又称负压钻井。欠平衡钻井有边喷边钻、浮动钻井液帽钻井、立管气体注入、环空气体注入、连续管钻井5种方式。与普通钻井相比，欠平衡钻井的钻井液循环系统有很大变化，有体内循环与体外循环两种流程。

欠平衡服务指在钻井过程中，由单独的服务队伍采用专门的欠平衡钻井设备和工具，在一定的工艺技术措施配合下，实施欠平衡钻井作业。欠平衡服务内容包括：欠平衡钻井现场施工设计；提供欠平衡专用设备；对现场施工相关单位及人员进行技术交底和技术培训；欠平衡现场技术措施实施；负责欠平衡钻井专用设备操作；欠平衡钻井资料的收集、整理；编写欠平衡钻井技术总结。

3.2.6 取心服务

根据钻井地质设计要求，采用取心工具和钻头在井底获取圆柱形岩心的钻进过程，习惯上称为钻井取心。取心是提供地层剖面原始标本第一性资料的唯一途径，是储层评价具有决定意义的手段，在油气勘探开发中具有不可取代的地位和作用。一般探井都要进行取心，在二开钻进、三开钻进、四开钻进、五开钻进过程中都有可能根据需要进行钻井取心，大多数情况是在预期油气层井段钻井取心。

取心服务指在钻井作业过程中，由单独的服务队伍采用专门的取心工具，在一定的工艺技术措施配合下，实施取心钻井作业。取心服务内容包括：钻井作业现场取心工具的检查、维护及配套作业；配合钻井队取心钻具组合在井口的组装；取心工具调试、取心作业中施工方案的制订及取心复杂事故的处理。

3.2.7 顶驱服务

顶驱服务指在钻机使用过程中，由单独的服务队伍负责顶部驱动装置的安装、拆卸、维护保养、易损件更换、故障判断与处理等，确保顶部驱动装置正常运行。

3.2.8 旋转导向服务

旋转导向服务指在钻井作业过程中，由单独的服务队伍采用专门的井下导向工具、MWD系统、地面监控系统组成的旋转导向系统，在一定的工艺技术措施配合下，沿着钻井工程设计的井眼轨迹（井身剖面），钻进到目的层位。旋转导向服务内容包括旋转导向系统的安装、拆卸、维护保养、易损件更换、故障判断与处理等，确保旋转导向系统正常运行。

3.2.9 中途测试服务

中途测试又称钻杆地层测试。在钻井作业过程中，如果发现良好油气显示，即停止钻进，使用钻杆或油管把带封隔器的地层测试器下入井中，对可能的油气层进行测试求产。中途测试既可以在已下入套管的井中进行，也可在未下入套管的裸眼井中进行。

中途测试服务指在钻井作业过程中，由单独的服务队伍采用专门的地层测试器，在一定的工艺技术措施配合下，对可能的油气层进行测试求产。中途测试服务内容包括封隔器和地层测试器等井下工具的安装、拆卸、维护保养、易损件更换、故障判断与处理等，确保中途测试服务正常进行。

3.2.10 打捞服务

打捞服务指在钻井作业过程中，由单独的服务队伍采用专门的打捞工具和技术处理井下事故。经常发生的井下事故有卡钻事故、钻具事故、井下落物事故、测井事故、固井事故、井喷事故等。

卡钻事故是在钻进过程中，由于各种原因造成钻具陷在井内不能上下活动、自由转动的现象，是钻进过程中经常发生的井下事故。钻具事故就是在钻进过程中发生的钻具折断、滑扣、脱扣，致使一部分钻具掉落井中的事故，掉入井中的钻具俗称"落鱼"。井下落物事故指在钻进或起下钻过程中，由于所使用的钻具等工具质量不过关、操作不当等原因掉在了井下的事故。测井事故指发生在测井过程中，由于井下情况复杂或由于地面操作失误所造成的事故，如卡仪器、卡电缆、掉仪器、断电缆等事故。固井事故指发生在下套管、下尾管和注水泥过程中的井下事故，主要有卡套管、掉套管、挤毁套管、套管断裂或滑扣、尾管挂断裂或脱扣、注水泥"灌香肠"等事故。在钻井作业过程中，由于各种原因造成地层流体流入井筒，使井内钻井液连续或间断喷出的现象叫井涌，失去控制的井涌称为井喷事故。

3.2.11　生活服务

生活服务指在钻井作业现场，由单独的服务队伍负责钻井生活服务和营地管理，包括为钻井队及各种技术服务队伍提供餐饮、住宿、保洁、安保、绿化、水电暖等相关物业服务以及野营房、配套设施维修等。

3.2.12　保温服务

保温服务指在钻井作业现场，由单独的服务队伍负责钻井冬季生产生活保温服务。

3.3　固井作业

3.3.1　固井作业程序

固井作业是在油气井阶段完钻或最终完井后，在油气井井眼内下入套管，并向套管与井壁或套管与上一层套管间注入油井水泥浆的作业。按一口井施工阶段划分，固井作业主要内容包括导管固井、表层套管固井、技术套管固井、生产套管固井，而每次固井作业需要进行固井施工设计、下套管施工、固井施工。图3-3为套管程序示意图，图3-4为固井作业程序及主要内容。

3.3.1.1　导管固井

导管固井通常指在钻机（井架）基础中心自钻台面挖一个深度7～8m的圆井或方井，按设计下入与井身结构设计相匹配的套管或螺纹管，与井口中心线垂直、找平后，管外灌水泥封固，俗称打水泥帽子。部分地区由于地表土壤层厚，也有采用水力冲击方法或大尺寸钻头钻后，下入30～60m导管，并注水泥封固。

导管固井作用是：（1）在第一次开钻时，避免因水力冲蚀与浸泡造成地表松软地层的坍塌，影响钻机基础的稳定性。（2）作为第一次开钻时钻井液循环的出口，导管侧向出口与钻井液槽连接或通向钻井液循环系统。

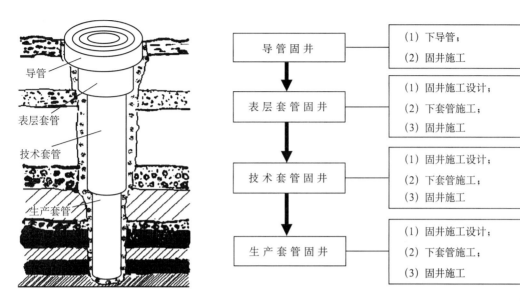

图 3-3　套管程序示意图　　　　图 3-4　固井作业程序及主要内容

3.3.1.2　表层套管固井

表层套管固井通常指当钻井深度达到表土层以下的基岩或规定井深后，下入油气井套管程序中的最外一层套管，注水泥封固。表层套管的深度与地区、地层及完井井深有关，从几十米到几百米不等。套管尺寸通常为 508.0mm 或 339.7mm。表层套管固井水泥浆一般采用普通的油井水泥，不用外加剂，但个别井钻遇到浅气层或水层，往往用催凝剂作外加剂，使水泥浆尽快凝固，以防止窜槽。表层套管所封固的井眼往往不规则，所以施工时水泥用量附加系数要大一些。

表层套管固井作用是：（1）把上部松软地层或砾石层封固起来，以防止坍塌。（2）将地表的水层和浅气层封固起来，以防止污染和气窜。（3）用于安装套管头和井口防喷器。（4）用于悬挂技术套管和生产套管。

3.3.1.3　技术套管固井

技术套管固井通常指根据钻井工艺技术的需要，下入油气井套管程序中的中间层套管，注水泥封固。并不是每口井都要下技术套管，也不一定只有一层技术套管，取决于井深、地质情况。技术套管固井深度与地区、地层及完井井深有关，从几百米到数千米不等。套管尺寸通常为 339.7mm、244.5mm 或 177.8mm。技术套管固井一般采用 G 级油井水泥，加一些外加剂，水泥浆一般返到井口，有的返到设计深度即可。

技术套管固井作用是：（1）井筒内如存在多套地层压力系统，需用技术套管封固一至两套压力系统，以保证钻井安全。（2）用技术套管封固盐层、盐水层和脱水石膏等易对钻井液造成污染的地层和易缩径坍塌造成卡钻的地层，以保证顺利固井。（3）为满足钻定向井、水平井等钻井工艺需要，用技术套管保护上部井段。（4）用技术套管封固目的层以上高压水层和无开采价值的高压油气层。（5）对一些压力系数低的储层需用技术套管封固上部地层，以防钻井液密度高时污染储层。（6）欠平衡钻井时，需用技术套管封固储层以上地层，以确保施工效果和欠平衡钻井的安全。

3.3.1.4 生产套管固井

生产套管固井通常指根据钻井工艺技术的需要，下入油气井套管程序中的最内一层套管，注水泥封固，又称油层套管固井。生产套管固井深度与完井井深有关，从几百米到数千米不等。套管尺寸通常为177.8mm、139.7mm或127.0mm。生产套管固井一般采用G级油井水泥，加一些外加剂，气井和探井生产套管固井的水泥浆要求返到井口，油井生产套管固井的水泥浆一般要求返到油层顶界以上300m即可。生产套管固井质量直接影响到油气井的寿命。

生产套管固井作用是：（1）把油气层和井眼内其他地层全部封隔，使油、气、水不能混窜。（2）用于安装采油采气井口设备和悬挂油管，建立油气开采通道。（3）对下井的油管和井下工具、仪器起到保护作用。

3.3.2 固井施工设计

固井施工设计主要内容介绍如下：

（1）井眼温度、压力、钻井液性能等井况条件分析。

（2）固井目的及方法。

（3）注水泥作业方式选择。

（4）送井套管的型号、钢级、尺寸等与设计要求对比校核。

（5）固井工艺设计。

（6）水泥浆设计，包括水泥浆密度、用量、性能、配方设计和对各种化验数据的要求。

（7）前置液和后置液设计。

（8）注替水泥浆量工艺设计，包括替水泥浆量计算、顶替流态、流速选择和施工程序等。

（9）固井设备与工具附件的选择与安装要求，如水泥车等车辆配备、扶正器的合理安放位置等。

（10）注水泥前准备工作及要求，如钻井液性能调整、循环洗井时间及排量、人员及固井器具准备等。

（11）固井施工动态模拟分析计算结果。

（12）施工技术要求。

（13）施工组织要求。

（14）固井复杂情况计算。

（15）固井费用表。

（16）附图：套管柱受力与强度校核图、套管居中曲线等。

3.3.3　下套管施工

下套管施工通常由钻井队单独完成，有时由下套管服务队和钻井队共同完成。下套管施工主要过程如下。

3.3.3.1　下套管施工准备

（1）了解钻井历史、井身结构。
（2）井眼质量检查与修整。
（3）钻井液性能处理和准备。
（4）下套管服务队及专用工具和材料（密封脂等）、专用设备准备。
（5）套管及附件送井验收、存放、井场检查。
（6）套管丈量、排列、清洗检查。
（7）钻机和井控装置的检查与准备。

3.3.3.2　下套管施工内容

（1）套管附件的连接。
（2）套管的对扣和上扣。
（3）井下工具的连接。
（4）下套管记录。
（5）注水泥后的套管连接及井口安装。
（6）钻水泥塞以及套管保护。
（7）井下套管试压及质量检查。

3.3.4　固井施工

固井施工是用固井水泥车将水泥浆注入和顶替到地层与套管或套管与上一层套管环形空间预定位置的作业。

3.3.4.1　施工准备

施工前除了做好落实固井施工人员岗位、制定有关管理制度和技术措施等组织管理准备外，重点要做好以下准备工作。

3.3.4.1.1　准备好固井用水

（1）安装固井专用的储水罐，安装位置要方便固井施工，距井场储灰罐不得超过 25m。
（2）在储水罐内备足清水，储水罐在装清水前，要认真清洗，避免固井用水被污染。
（3）冬季施工，固井水罐要有防冻保温装置。
（4）上一次固井剩余已混配的外加剂水溶液，未经化验不得重复使用。

3.3.4.1.2 摆放好材料及车辆

固井前要将各种固井材料、各种液体外加剂、干混装置、灰罐车、供水车和水泥车整齐有序地摆放于存放场和井场。固井作业材料准备和井场布置如图3-5所示。

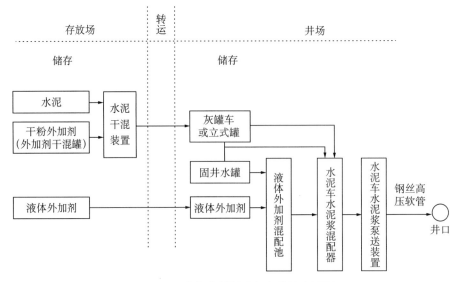

图3-5 固井作业材料准备和井场布置图

3.3.4.1.3 准备好井口装置

（1）井口装置要在整个固井施工过程中能有效实施井控，也就是满足既能关闭套管与井眼环空、又能关闭钻杆与井眼环空的要求。

（2）尾管固井施工要在地面高压管汇中安装反循环管线，以排出尾管喇叭口以上多余水泥浆。

3.3.4.1.4 准备好固井用钻具

（1）尾管固井时，送入尾管的钻杆内径必须通畅，内径规能逐柱通过。

（2）用于下送尾管的钻具钢级、壁厚、长度、排列次序必须正确无误，并要经钻井工程师、地质监督、钻井监督三方核实检查通过。

（3）用于下送尾管的钻具不能有伤，以保证能承受额定负荷。

3.3.4.1.5 洗井

下完套管后，按规定对钻井液进行循环并予以处理，直至钻井液性能达到注水泥作业要求。

3.3.4.2 固井施工主要内容及要求

（1）按固井施工设计的性能参数和排量依次注入前置液、水泥浆和顶替水泥浆的钻井液。

（2）必须连续固井施工。

（3）水泥浆密度要符合设计要求，在注水泥过程中应取水泥浆样品，由专人连续测量、公布、记录水泥浆密度。钻井液样品要保存。

（4）在用钻井液顶替水泥浆过程中，必须用流量计、人工测量、泵冲 3 种方式同时测量替入量，其中人工测量计量为主要依据，其他计量作为参考。

（5）当替入量余 5m³ 时，应将顶替排量适当减少并密切注意泵压表，当泵压突然升高 3～5MPa 且摘泵后压力不降，则认为已经碰压。

（6）在整个固井作业中，应有专人观察出口返出情况，发现异常必须立即通知施工指挥。

（7）施工结束后，应召开钻井、地质、固井有关负责人和技术人员联席总结会，汇总施工资料，进行固井总结，确定测固井质量时间。

（8）执行固井候凝规定：①碰压后，如卸压证实浮箍浮鞋关闭正常，应将水泥头泄压为 0MPa，再按固井施工设计规定数值对环空憋压候凝。②碰压后，如卸压证实浮箍浮鞋失灵，则应保持水泥头压力高于管内外静压差 1～2MPa。③压力为最低等级套管抗内压强度 70% 之内为安全压力。超过后，放压至规定范围内，不得任意放压。

3.3.5　固井方法

固井方法包括常规单级固井法、分级固井法、插入式固井法、尾管固井法、套管外封隔固井法、预应力固井法等。

3.3.5.1　常规单级固井法

3.3.5.1.1　基本工艺过程

（1）下套管后循环处理好钻井液，做好固井施工各项准备工作。

（2）停止循环钻井液，注前置液，然后注水泥浆。

（3）注完水泥浆后，再注入后隔离液。

（4）最后用钻井液顶替，一直到水泥浆返至套管外环形空间，套管内部浮箍以下为水泥浆，浮箍以上为后隔离液和钻井液，至此固井施工结束。常规单级固井工艺如图 3-6 所示。

3.3.5.1.2　适用情况

适用于所有油气井固井，是应用最广泛最常用的一种固井作业方法。

3.3.5.2　分级固井法

分级固井就是应用分级注水泥接箍，分 2 次或 3 次完成一层套管固井。用于双级固井作业的分级注水泥接箍简称双级箍，是使用最广泛的分级注水泥接箍。双级注水泥接箍工作原理如图 3-7 所示。

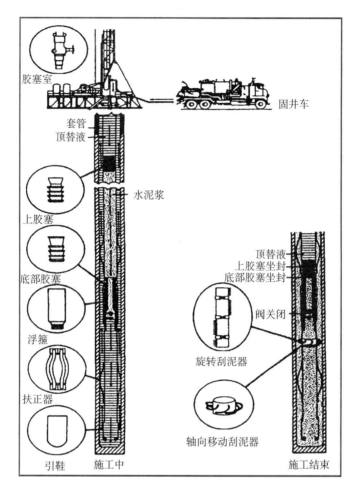

图3-6　常规单级固井工艺

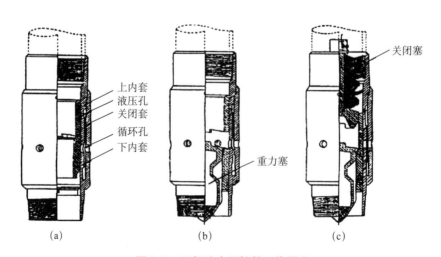

图3-7　双级注水泥接箍工作原理

（a）双级箍状态1；（b）双级箍状态2；（c）双级箍状态3

3.3.5.2.1 基本工艺过程

常规的非连续式的二级固井施工工序：

（1）一级固井施工。

①循环钻井液两周以上，把钻井液性能调整到设计性能；

②先注前置液，再注第一级水泥浆，双级箍状态如图 3-7（a）所示；

③然后打开水泥头一级碰压塞（下胶塞）挡销，释放下胶塞；

④开泵注后隔离液，替钻井液，直到碰压；

⑤然后泄压，检查有无倒流现象；

⑥无倒流，则投重力塞，再开泵憋压，剪断打套销钉，迫使打开套下行露出循环孔，双级箍状态如图 3-7（b）所示；

⑦循环钻井液两周以上，同时一级水泥浆候凝。

（2）二级固井施工。

①一级水泥浆初凝后，同时将钻井液性能调整到设计性能；

②注前置液，再注第二级水泥浆；

③打开水泥头关闭塞挡销，释放关闭塞；

④注后隔离液，然后开泵替钻井液直到碰压，双级箍状态如图 3-7（c）所示；

⑤憋压、关闭循环孔，稳压 5min 后泄压；

⑥检查有无倒流，如倒流则憋压候凝，无倒流则敞压候凝。

3.3.5.2.2 适用情况

（1）在多油气层井中，有的下部产层压力系数低，上部产层压力系数高，需要双级固井。

（2）同一井眼内两个或两个以上储层间隔较长，采用分级固井，间隔段不注水泥，既可节省水泥，又可防止因环空水泥浆柱过长造成的种种问题，如上部产层水泥浆因顶替时间过长容易窜槽，下部产层因压差过大容易造成水泥浆漏失伤害地层等。

（3）对于长封固井段，双级固井可降低环空液柱压力，防止漏失。

（4）在高压油气层井中，可使用两凝水泥浆固井，分级注入不同稠化时间的水泥浆，可防止环空高压油气上窜。

3.3.5.3 插入式固井法

在套管下部装配内管注水泥器，如图 3-8 所示。固井施工前将钻杆插入内管注水泥器上的插座。注完水泥，由钻杆胶塞替水泥浆，施工结束时提出钻杆，依靠内管注水泥器上的单向阀或尼龙球控制回流。

3.3.5.3.1 基本工艺过程

（1）将内管注水泥器插座预先接于套管柱底部。

（2）按设计长度将套管下入井内，下套管过程应及时向套管内灌满钻井液。

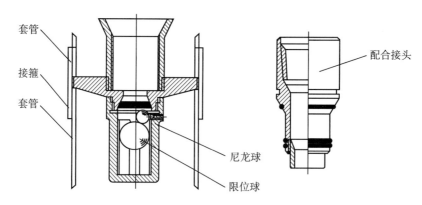

图 3-8　套管嵌装型内管注水泥器

（3）接插头、钻杆并安装内管扶正器，按常规要求下钻，准确控制钻柱到达插座时方入和悬重。

（4）接好方钻杆，缓慢下放，接近插座预计位置时开泵，当钻井液灌满套管内环空时停泵，缓慢下放方钻杆对入插座，观察指重表加压到预定值，标记方入位置。

（5）开泵观察泵压及套管内环空钻井液是否外溢，方入标记是否上移。

（6）按常规固井作业，通过钻杆依次注入前置液、水泥浆、后置液和钻井液。

（7）注替水泥浆结束后，立即上提钻柱，开泵循环冲洗，直到将套管内残余水泥浆全部返出井口为止。

（8）起出井下全部钻柱、内管扶正器及插头。

3.3.5.3.2　适用情况

适用于井深较浅且是大井眼和大尺寸套管（外径一般不小于 273mm）固井。其作用是防止注水泥及替钻井液过程中在管内发生窜槽，顶替钻井液量过大，时间过长。也可防止产生过大的上顶力而使套管向上移动。插入式固井法是提高固井质量和降低施工风险的一项重要措施。

3.3.5.4　尾管固井法

尾管固井是在上部已下有套管的井内，只对下部新钻出的裸眼井段下套管注水泥进行封固的固井方法，也就是套管不延伸到井口的一种固井方法。尾管顶部为悬挂器，靠卡瓦和锥套挂在上层套管内壁上，与上层套管重叠 50～150m。机械—液压双作用尾管悬挂器如图 3-9 所示。多数尾管悬挂器在上部安装回接筒，可以从回接筒喇叭口处向上回接套管到井口，并完成注水泥作业。

3.3.5.4.1　基本工艺过程

（1）按设计要求下尾管，接尾管悬挂器，接送入钻杆，下到预定位置。

（2）采用机械方式或液压方式使尾管悬挂器坐挂。

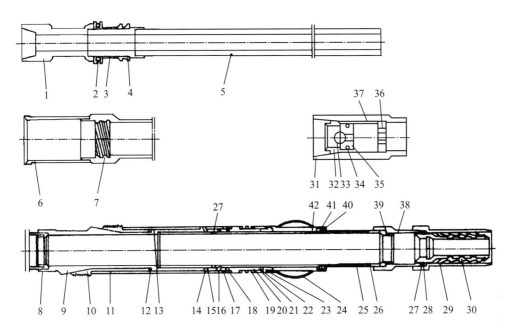

图 3-9 机械—液压双作用尾管悬挂器

1~5—送入工具 ；6~7—反螺纹 ；8~32—主体及换向机构 ；
33~36—空心胶塞及短节 ；37~42—球座短节

（3）倒扣，使送入工具脱开悬挂器，上提送入钻杆，确认脱开。

（4）下放送入钻杆，循环钻井液（一般在两周以上）。按正常方法从钻杆内注水泥固井。

（5）注水泥完碰压后，上提钻杆 7~8m，循环钻井液，冲洗多余部分水泥浆。

（6）起出送入钻杆和送入工具。

3.3.5.4.2 适用情况

（1）上部环形空间大，可降低流动阻力，减少对油层的压力，有利于防漏和保护油层。

（2）减少深井一次下入的套管长度，减轻套管柱重量。

（3）可以节省套管和水泥，降低固井成本。

3.3.5.5 套管外封隔固井法

套管外封隔固井就是应用连接在套管串的管外注水泥封隔器，如图 3-10 所示，在注水泥及水泥凝固过程中，实现套管环形封隔。工作原理是：下套管前，将套管封隔器接在套管柱中的设计位置，下到预定设计深度后，进行正常循环，调整好钻井液性能。投入铜球，憋压剪断打开套销钉后，打开套下行，露出进液孔。此时，钻井液通过进液孔进入胶筒与中心管的膨胀腔，使胶筒膨胀而封闭了裸眼井段。随着泵压继续升高到一定值时，关闭套销钉剪断，关闭套下行，露出注水泥孔，同时关闭胶筒进液孔，将使胶筒永久膨胀处于关闭状态。回压阀则恢复到自由状态，这时可转入正常固井施工阶段。

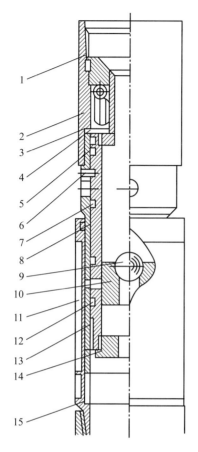

图 3-10　管外注水泥封隔器

1—上接头；2—回压阀总成；3—挡阀套；4—挡圈；5—卡簧；6—剪销Ⅱ；7—"O"形圈；8—关闭套；9—铜球；10—打开套及剪销；11—封隔器总成；12—"O"形圈；13—中心管；14—孔板；15—下接头

3.3.5.5.1　基本工艺过程

套管外封隔固井通常与常规固井、分级固井或尾管固井同时进行，其基本工艺过程与上述方法基本一致，主要是针对管外注水泥封隔器有些特殊工艺要求：

（1）准确计算施工压力（施工最大压力＝剪削压力＋封隔器上下环空压差＋附加压力）。

（2）安放位置应选在油气层顶部或漏失层以上，井径规则、岩性较坚硬的井段。

（3）确定管外封隔器坐封位置承受的压力差。

（4）检查封隔器外径、内径和销钉尺寸是否符合要求。

（5）封隔器上下应装扶正器。

（6）用水泥车憋压时操作要平稳，以小排量开泵升压到施工压力时停泵，稳压 3min，然后放压到 0MPa。

3.3.5.5.2　适用情况

解决高压井、低压井、复杂井、易漏井和调整井的气窜与漏失问题，还可以解决油层上部的岩石坍落。主要应用情况如图 3-11 所示。

3.3.5.6　预应力固井法

对套管施加预应力的固井方法。

3.3.5.6.1　基本工艺过程

（1）在套管底部安装地锚（图 3-12），注水泥前给套管提拉预应力。

（2）有时在套管柱下部安放水泥伞（图 3-13），以防水泥浆下沉。

（3）在套管柱上部安放热应力补偿工具（图 3-14），对套管伸缩进行补偿。

（4）按常规单级固井方法进行注水泥施工，通常采用加砂油井水泥或耐高温低密度水泥。

3.3.5.6.2　适用情况

主要用于稠油热采井固井。

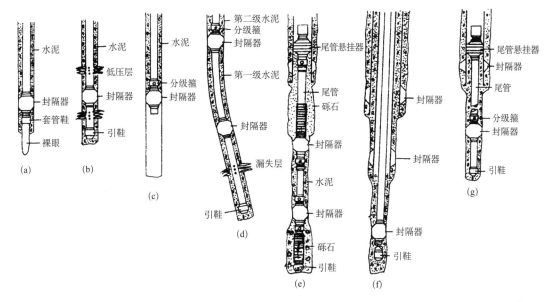

图3-11 套管外封隔固井应用情况

（a）密封技术套管；（b）隔离地层；（c）套管鞋密封；（d）定向井分级注水泥；
（e）多层裸眼砾石充填；（f）多层套管完井；（g）尾管双级注水泥

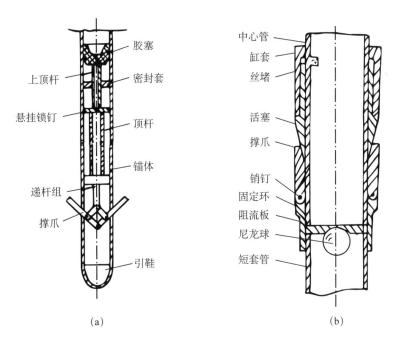

图3-12 预应力固井用地锚

（a）WA-I型卡瓦式地锚；（b）WA-II型空心型地锚

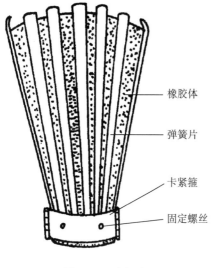

图 3-13 水泥伞

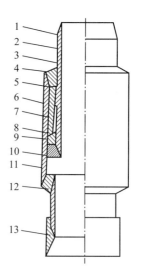

图 3-14 热应力补偿工具

1—外螺纹；2—基管；3—防转键；4—堵头 A；5—密封圈 A；
6—波纹管；7—波纹管端环 A；8—波纹管端环 B；9—波纹管
固定环；10—密封圈 B；11—保护管；12—堵头 B；13—接箍

3.3.6　固井服务

固井服务指在固井作业过程中，相关服务队伍配合钻井队、固井队施工。固井服务与当地生产条件、钻井生产组织方式、钻井工艺要求等密切相关。常用到的固井服务有套管检测、水泥试验、水泥混拌、下套管、试压。并不是每个油田都要有上述固井服务，而是根据具体情况确定。

3.3.6.1　套管检测服务

套管检测服务指由专门的服务队伍在场地或车间内对套管实施接箍、管体、螺纹、直线度、钢级、壁厚、内径、紧密度、长度、探伤等检测。

3.3.6.2　水泥试验服务

水泥试验服务指在固井施工前，由专门的实验人员在实验室对水泥浆密度、滤失量、流变性能、胶凝强度、稠化时间和水泥石抗压强度等一系列水泥性能指标进行分析化验，并提供水泥试验报告。

3.3.6.3　水泥混拌服务

水泥混拌服务指采用水泥干混装置，由专门的服务队伍在现场或车间内将普通油井水泥、外掺料、添加剂等粉粒干料进行混配，配制出低密度水泥、耐高温水泥、膨胀水泥等一系列特种油井水泥，满足不同固井施工需要。

3.3.6.4 下套管服务

下套管服务指采用下套管专用设备和工具，由专门的服务队伍在井场负责下套管施工，钻井队给予必要的施工配合。

3.3.6.5 试压服务

试压服务指在钻井作业过程中，由专门的固井水泥车负责对井口装置、防喷器、高压管线等进行现场试压。

3.4 测井作业

3.4.1 测井作业程序

测井作业是在勘探开发地下油气藏过程中，在已钻的井筒内用电缆带着各种仪器，沿井眼连续测量或定点测量地层或井内流体的电、磁、声、核、力、热等物理性质，分析岩性，判定构造，计算物性和含油性，并监测钻井工程质量，习惯上又称作"地球物理测井""矿场地球物理"。按一口井施工阶段分，测井作业通常包括一开裸眼井测井、一开套管井测井、二开裸眼井测井、二开套管井测井、三开裸眼井测井、三开套管井测井，甚至四开、五开井段的裸眼井和套管井测井。每一次测井作业分测井施工、资料处理解释两个部分。图3-15给出了测井作业程序及主要内容。

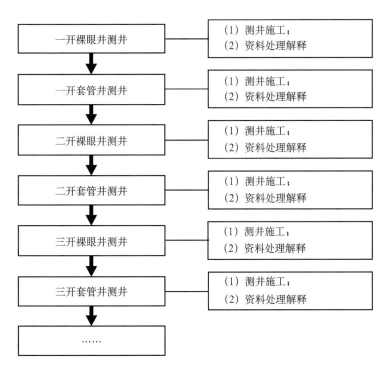

图3-15 测井作业程序及主要内容

3.4.2 测井施工

3.4.2.1 生产准备

工作内容包括：上电缆，打标，校记号，扎鱼雷，检查电缆绝缘，检查保养井口工具和井下工具，检查仪器及车辆，地面检查、刻度调校井下仪器，核实井号，落实测井井段。

3.4.2.2 动迁

工作内容包括：测井人员和设备仪器动迁准备、路途行驶、行车措施等。

3.4.2.3 资料采集

资料采集的任务是用测井仪器测量钻井地质剖面上地层的各种物理参数，是发现油气层的关键环节，在测井现场完成。

工作内容包括：摆车，吊装测井井口装置，起下仪器，资料采集，吊换测井井下仪器，现场资料验收整理，拆卸井口装置等。测井施工阶段是测井作业量最大、造价最高的关键环节。图 3—16 给出了测井施工现场示意图。

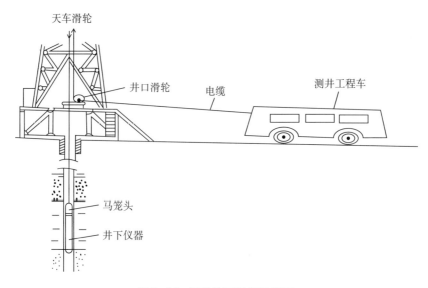

图 3—16　测井施工现场示意图

3.4.3 资料处理解释

3.4.3.1 工作内容

资料处理就是用人工或计算机对用多种测井方法获得的测井资料进行测井数据处理，包括预处理和成果处理，如深度对齐、曲线平滑处理、环境校正、数据标准化、测井数据分析、把斜井曲线校成直井曲线、确定解释模型和解释参数等，计算地质参数。

资料解释就是对用多种测井方法获得的资料，同地质、地震、油藏工程等资料结合，进行综合地质解释，搞清油气水层的岩性、孔隙度、渗透率等储层物性和含油饱和度或含水饱和度等含油性。测井技术水平的高低最终都反映在资料解释成果上。

资料处理解释有单井处理解释、多井处理解释、油气藏描述处理解释和特殊处理解释等。

3.4.3.2 基本流程

测井资料处理解释基本流程如图 3-17 所示。

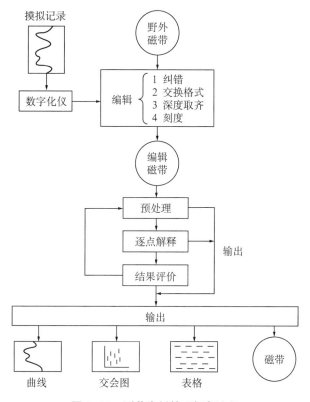

图 3-17 测井资料处理解释流程

（1）收集地质资料。

（2）输入与编辑测井资料。

（3）资料预处理。在预处理中，以某一条测井曲线的深度为标准，对其他曲线进行深度校正和平差，对测井曲线进行环境影响校正，对某些测井曲线进行光滑处理。预处理的结果是测井曲线和交会图。

（4）选择解释模型和解释参数。预处理结果经分析后，选择解释模型和解释参数。选择是否正确直接关系到解释成果是否合理、可靠。

（5）逐点解释。对采样点逐点计算岩性和评价物性、含油性地质参数和其他数据。

（6）结果评价。逐点解释结果经过评价，将符合解释精度要求的资料输出显示或录入成果磁带，未达到解释精度或与地质预期要求不符时，则返回到预处理阶段，重新选择解释参数进行校正逐点解释，直到达到要求为止。

（7）解释成果显示。成果显示是计算机解释的最后一个环节，可以通过专门的显示程序在打印机和绘图仪上显示出来，显示的成果包括中间成果（预处理成果或逐点解释的成果）和最终解释成果。显示的方式有打印机输出的表格，绘图仪输出的解释成果曲线和各种交汇图。同时，也将解释成果录入成果磁带，以便保存并在需要时重新回放。

3.4.4　测井方法

测井方法分类如图 3-18 所示。钻井工程中测井作业以未下套管的裸眼井测井为主，主要有电法测井、声波测井、核测井、地层倾角测井、工程测井等；下套管后进行的套管井测井主要是进行固井质量检查、定位射孔、套管质量评价测井以及压裂酸化评价测井。

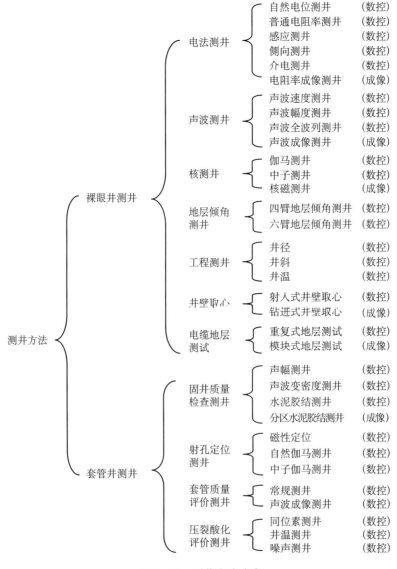

图 3-18　测井方法分类

3.4.5　测井系列

测井系列指同时使用几种不同测井方法所组成的一组配套测井项目。

现代测井技术的发展为油气勘探开发提供了种类繁多的测井方法，但每种方法得到的测井资料只能间接地、有条件地反映地下地质情况的某一个侧面，只有根据各种测井方法的特点，组成比较完整的系列，才能充分发挥其功能，提高测井效率，降低工程成本。

3.4.5.1　基本测井系列

3.4.5.1.1　标准测井系列

为了进行区域性地层对比和地质剖面划分，在所有裸眼井中固定必测的几种测井项目，称为标准测井。通常有自然电位测井、自然伽马测井、井径测井、普通电阻率测井以及井斜与方位等，测井时采用 1∶500 深度比例尺在全井段连续测量并记录曲线。

3.4.5.1.2　裸眼井储层测井系列

裸眼井储层测井系列通常采用 9 种测井方法，也称 9 条基本曲线，包括自然电位测井、自然伽马测井、井径测井、径向深探测和中探测的电阻率测井（如双侧向测井或双感应测井）、径向浅探测的电阻率测井（如普通电阻率测井或微侧向测井或微球形聚焦测井）、声波测井、补偿中子测井、补偿密度测井。

3.4.5.1.3　套管井测井系列

每口井在下套管固井后必须进行固井质量检查测井，常用的是声幅测井。

完井射孔作业时采用磁定位、自然伽马测井或中子伽马测井。

3.4.5.2　常用测井系列

3.4.5.2.1　砂岩／泥质砂岩储层测井系列

常规砂岩／泥质砂岩储层通常采用 3.4.5.1.2 中所述裸眼井测井系列的 9 种测井方法。对于低孔隙度、低渗透率储层，选用井径测井、自然电位测井、自然伽马测井、岩性密度测井、补偿声波测井、补偿中子测井、双感应／八侧向测井或双侧向／微球形聚焦测井。当储层中存在高放射性矿物时，应以自然伽马能谱测井替代自然伽马测井。在关键井中须增加核磁共振测井、偶极子横波成像测井、阵列侧向测井和阵列感应测井等。表 3—1 给出了砂岩／泥质砂岩储层测井系列选择示例。

3.4.5.2.2　碳酸盐岩储层测井系列

碳酸盐岩储层除采用 3.4.5.1.2 中所述 9 种测井方法的常用测井系列外，通常还需要增加微电阻率扫描成像测井、偶极子横波成像测井和岩性密度测井等测井项目。

表 3-1　砂岩/泥质砂岩储层测井系列

测井系列	测井内容		深度比例	备　注
	名　称	代　号		
标准测井	自然伽马 自然电位 2.5m（底部梯度电阻率） 井径 井斜与方位	GR SP IN250B CAL DEVI	1：500	
组合测井	双感应/八侧向 补偿中子 补偿密度 补偿声波 自然伽马 自然电位 微电极 井径 4m（底部梯度电阻率）	DIL-LL8 CNL DEN BHC GR SP ML CAL IN400B	1：200	（1）盐水钻井液时，用双侧向/微聚焦测井替代双感应/八侧向测井； （2）低孔、低渗、高电阻率储层情况下，用双侧向/微球形聚焦测井替代双感应/八侧向测井； （3）预计有浅气层时，组合测井测至气层顶界以上50m
选测项目	地层倾角 自然伽马能谱 长源距声波 多极子声波 核磁共振 电成像测井 介电测井	HDT NGS LSS MAC MRIL STAR-Ⅱ DIEL	1：200	根据需要选择
	电缆地层测试	FMT、RFT、MDT	—	根据需要选择

3.4.5.2.3　复杂岩性储层测井系列

复杂岩性储层除采用 3.4.5.1.2 中所述 9 种测井方法的常用测井系列外，通常还需要增加微电阻率扫描成像测井、核磁共振测井和元素俘获测井等测井项目。

表 3-2 给出了碳酸盐岩和复杂岩性储层测井系列选择示例。

表 3-2　碳酸盐岩和复杂岩性储层测井系列

测井系列	测井内容		深度比例	备　注
	名　称	代　号		
标准测井	双侧向 自然伽马 自然电位 补偿声波 井径 井斜与方位	DLL GR SP LSS CAL DEVI	1：500	

测井系列	测井内容		深度比例	备　注
	名　称	代　号		
组合测井	双侧向 / 微球形聚焦 补偿中子 岩性密度 长源距声波或补偿声波 自然伽马能谱 自然伽马 成像测井 核磁共振 井径 微电极	DLL–MFL CNL ZDL LSS NGS GR STAR–Ⅱ MRIL CAL ML	1：200	(1) 录井发现有油气显示目的层的层段进行核磁共振测井和成像测井； (2) 无岩性密度仪器时，可用补偿密度替代； (3) 微电极仅在渗透性储层的井段测量
选测项目	多极子声波 井眼环周声波 地层倾角	MAC CAST HDT	1：200	根据需要选择
	电缆地层测试	FMT、RFT、MDT	—	根据需要选择

3.5　录井作业

3.5.1　录井作业程序

　　录井作业是一项集地下地质资料信息采集、处理、解释为一体的作业。在钻井作业过程中，利用多种手段，按顺序收集、记录所钻经地层的岩性、物性、结构、构造和含油气情况等各种信息资料，以此为基础进行资料数据整理、处理解释，发现落实油气显示，评价油气层。录井作业内容包括录井准备、资料采集、资料处理解释。按一口井施工阶段划分，录井作业通常包括一开井段录井、二开井段录井、三开井段录井，甚至四开、五开井段的录井。每一个井段录井作业分录井施工、录井服务两个部分。图3-19给出了录井作业程序及主要内容。

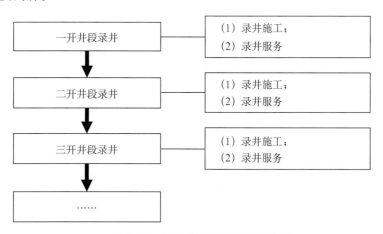

图3-19　录井作业程序及主要内容

3.5.2 录井施工

录井现场施工前，根据钻井地质设计要求，需要收集邻井资料，进行人员设备资源配置，人员和设备仪器动迁，现场安装调试验收，开展地质交底。

在一开井段、二开井段、三开井段等的钻进和完井过程中，根据钻井地质设计要求，采用相应的录井方法和配套的录井仪器，实施录井资料采集，进行录井资料初步整理解释。

3.5.3 录井服务

录井服务指除常规录井施工外，根据要求，录井人员提供单项或单独的技术服务。

3.5.3.1 录井信息服务

采用录井实时传输技术，将录井施工现场数据、图片、文字以及数据处理最终结果等信息，通过通信系统传回基地，实现网络化办公。工作系统包括井场标准数据库管理系统、井场数据远程传输系统、基地数据接收系统和数据管理以及网络浏览服务系统、客户端应用系统。录井信息实时传输流程如图 3—20 所示。

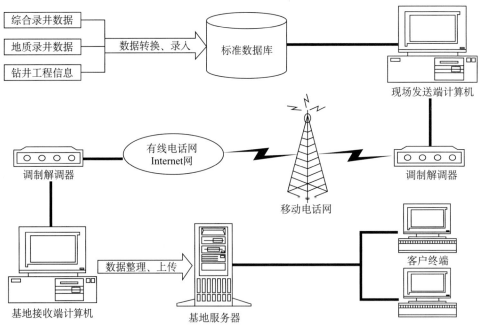

图 3—20　录井信息实时传输流程示意图

3.5.3.2 化验分析

根据钻井地质设计要求，资料采集过程中要进行化验分析。有的化验分析项目在现场做，有的化验分析项目需要在基地实验室内做。表 3—3 给出了区域探井常规地质化验分析内容。

表 3-3 区域探井常规地质化验分析内容

序号	项目		分 析 内 容
1	岩石矿物		薄片、铸体薄片、重矿物、差热、粒度
2	油层物性		孔隙度、渗透率、含油饱和度、残余水饱和度、碳酸盐含量、泥质含量
3	古生物		介形虫、孢粉、轮藻、牙形石、大化石等
4	罐装气分析		烃类气体含量、组分、非烃气体含量
5	酸解烃分析		烃类气体含量、组分、非烃气体含量
6	生油指标		氯仿沥青"A"、三价铁、发光沥青"B"、有机碳、还原硫、簇组分、烃类、元素、组分、生油母质类型、成熟度等
7	油气水分析	原油	相对密度、黏度、凝固点、含蜡量、含硫量、胶质和沥青含量、初馏点、馏分、含水、含砂、含盐
		天然气	相对密度、组分、碳同位素 δC_{13} 值、临界温度、临界压力、气中凝析油含量
		地层水	密度、6 项离子含量、总矿化度、水型、微量元素、环烷酸含量、酸碱度等
8	扫描电镜		
9	绝对年龄测定		

3.5.3.3 资料整理分析

完成现场录井施工后，开始完井资料处理解释分析，主要工作是综合各种地质录井、化验资料、测井资料、测试资料和该井所在区域地震与重力、磁力、电法、化探等资料，进行油气层评价，提出完井方案，优选试油层位，编写录井报告。

3.5.3.3.1 完井综合处理解释

如图 3-21 所示，完井资料综合处理的主要工作内容是综合整理原始资料、与邻井进行地层对比、油气显示层对比、录井成果微机化处理，绘制原始录井图。

3.5.3.3.2 完井地质总结

完井地质总结的任务是综合分析研究在钻井过程中所取得的地质录井、测井、中途测试、化验分析、原钻机试油成果等各项资料，对地下地质情况及油气水层做出准确的评价和判断，找出规律，对所钻井进行全面的地质工作总结，编制各种成果图表，并写出完井总结报告。完井地质总结主要内容是编制完井地质图件、填写完井地质总结报告附表、编写完井地质总结报告。

（1）编制完井地质图件。完井地质图件编绘内容有岩心综合图、录井综合图、水平投影和三维井斜图，以及根据需要所编制的直观反映地下地质情况的其他图件。一般区域探井、预探井、评价井要求全井段绘制 1∶500 录井综合图；连续钻井取心超过 10m，要绘制 1∶100 岩心综合图；若见油气显示，不足 10m 亦要绘制岩心综合图。所有井别都要绘制水平投影和井斜图；定向井要绘制垂直井身轨迹图。

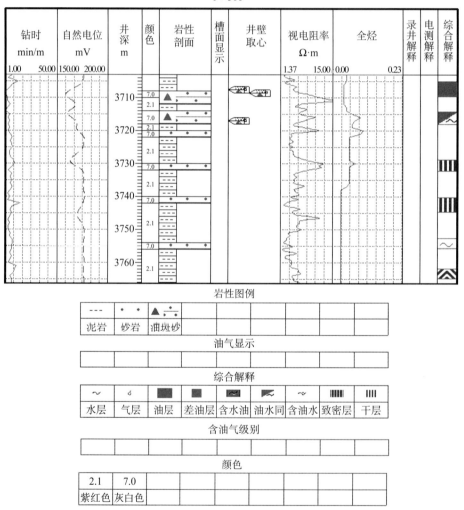

图 3-21 原始录井图示例

（2）填写完井地质总结报告附表。完井地质总结报告附表包括钻井基本数据、录井资料统计表、油气显示统计表、钻井液性能分段统计表、测井项目统计表、钻井取心统计表、井壁取心统计表、分析化验统计表、碳酸盐岩缝洞统计表、地层压力监测数据表、地温梯度数据表、荧光定量分析记录、钻井液全脱气分析记录等 13 套表。

（3）编写完井地质总结报告。完井地质总结报告编写内容包括概况、录井综述、地质成果、结论与建议共 4 个部分。区域探井、预探井、评价井、开发井的内容因井别不同而各有侧重。区域探井、预探井完井地质总结报告要求全面总结所钻井的工程简况、录井情况、主要地质成果，提出试油层位意见，并对所钻井有关问题进行讨论，指出勘探远景。评价井只在重点井段中录井，其文字报告部分也较简单。开发井是在区域探井、预探井和评价井钻完之后所钻的井，主要任务是钻开开发层系。因为开发井已有大量的基础资料，所以开发井完井地质总结报告一般不写文字报告部分，只有附表。

3.5.4 录井方法

常规录井作业的录井方法主要有地质录井、气测录井、综合录井。此外，还有地化录井等一些单项新技术。

3.5.4.1 地质录井

地质录井是通过对钻井过程中的钻时、井深、岩屑、岩心、钻井液、罐装气等资料的采集分析，认识井下地层层序和岩性组合特征以及含油气情况。

3.5.4.1.1 录井项目

地质录井项目有 7 种：钻时录井、岩屑录井、岩心录井、荧光录井、钻井液录井、罐装气录井和井壁取心录井。其中，井壁取心由测井作业完成，但井壁取心的资料录取由录井作业完成，如取心深度、设计颗数、实取颗数、不同岩性颗数、含油气岩心颗数、收获率等基本数据的统计和井壁取心整理描述。

3.5.4.1.2 功能特点

地质录井主要是岩心、岩屑和钻井液等资料的采集、整理与分析，全部工作均在钻井现场实施，获得第一手现场实物资料，是发现油气显示和油气藏最直接、最快捷、最可靠的录井方法和手段。地质录井使用的录井仪器简单，方法简便，录井成本低，因而在油气勘探开发领域中长期以来被广泛采用。

3.5.4.1.3 应用范围

地质录井是录井作业的最基本方法，用于各种类型井的随钻录井。

3.5.4.2 气测录井

气测录井是在钻井过程中通过气测录井仪，直接测定随钻井液一起返出的游离可燃烃类和非烃类气体组分及其含量。

3.5.4.2.1 录井方法及项目

气测录井方法主要有 3 种：随钻气测录井、循环钻井液气测录井和钻井液全脱气分析。

气测录井仪所测量参数有井深、钻时、迟到时间、大钩负荷、钻压、全烃、甲烷、乙烷、丙烷、正丁烷、异丁烷、正戊烷、异戊烷、氢气、二氧化碳等。

（1）随钻气测录井。随钻气测录井是一种实时测定钻井过程中钻井液中的烃类气体含量随井深变化的录井作业。根据钻井液中烃类气体含量变化的特点来确定有无油气显示，区分真假异常，判别储层条件的好坏和渗透效果，分析储层的流体性质和划分油气水层。通过随钻气测测量并记录 9 类数据和 9 条曲线。9 类数据包括：全烃、甲烷、乙烷、丙烷、异丁烷、正丁烷、氢、二氧化碳和钻时。9 条曲线包括：全烃、甲烷、乙烷、丙烷、异丁烷、正丁烷、氢、二氧化碳和钻时。

（2）循环钻井液气测录井。循环钻井液气测录井是在静止钻井液一段时间后再循环时，对扩散在钻井液中的气体进行测量的作业。测量时把钻具下过所需测量的位置，测出不同时间井筒内的气体含量和组分变化。通过循环钻井液气测，测量并记录 8 条曲线和 21 类数据。8 条曲线包括：全烃、甲烷、乙烷、丙烷、异丁烷、正丁烷、氢、二氧化碳。21 类数据包括：全烃、甲烷、乙烷、丙烷、异丁烷、正丁烷、氢、二氧化碳、实际井深、循环井深、钻井液静止时间、循环一周时间、钻井液迟到时间、排量、上窜速度、钻井泵开（停）泵时间、测量时间、钻井液相对密度、黏度、失水量和滤饼厚度。

（3）钻井液全脱气分析录井。钻井液全脱气分析录井是通过 QT 型热真空蒸馏脱气器，把取来的钻井液样品在真空状态下加温沸腾，采用快速机械搅拌和突然降压的方法，使钻井液中的气体大部分或近乎全部解析脱出，再把这些气体通过色谱气测仪进行分析测定。测量并记录 9 类数据，包括：甲烷、乙烷、丙烷、异丁烷、正丁烷、氢、二氧化碳、蒸馏钻井液体积、脱出气体体积。

3.5.4.2.2　功能特点

气测录井可充分了解石油天然气的成分和性质、天然气在钻井液中的存在形式，更好地分析钻井液中所含天然气含量与油气藏的关系。

3.5.4.2.3　应用范围

气测录井主要用于一般探井、部分评价井和部分开发井。

3.5.4.3　综合录井

综合录井是在钻井过程中应用电子技术和计算机技术，借助分析仪器对石油地质、钻井工程及其他随钻信息的采集、分析、处理，实现发现油气层、评价油气层并实时进行钻井监控。

3.5.4.3.1　录井项目

综合录井仪测量的项目有直接测量项目、计算项目、化验分析项目及其他项目 4 种。

（1）直接测量项目包括：深度、钻时、大钩负荷、大钩高度、扭矩、立管压力、转盘转速、套管压力、密度、泵冲、钻井液池体积、温度、电导率、流量、全烃、甲烷、乙烷、丙烷、异丁烷、正丁烷、异戊烷、正戊烷、二氧化碳、氢气、硫化氢。

（2）计算项目包括：迟到时间、地层压力参数。

（3）化验分析项目包括：泥（页）岩密度分析参数、碳酸盐岩含量分析参数。

（4）其他项目包括：热真空蒸馏分析参数。

3.5.4.3.2　功能特点

综合录井是一项综合性的录井技术，主要用作随钻录井，进行实时钻井监控、随钻地质评价、随钻录井信息的处理和应用。综合录井具有录取参数多、采集精度高、资料连续性强、资料处理速度快、应用灵活、服务范围广等特点。综合录井具有气测录井的功能，综合录井和气测录井无须同时采用。

3.5.4.3.3　应用范围

综合录井主要用于区域探井和少数预探井，因为综合录井仪购置价格昂贵，录井造价较高，因而要求使用合理，避免功能过剩，造成浪费。

3.5.4.4　常用录井方法对比

3 种常用录井方法对比见表 3-4。

表 3-4　常用录井方法对比

项目	地质录井	气测录井	综合录井
录井对象	岩屑、钻井液、罐装气、岩心	钻井液	钻井液
录井项目及参数	（1）录井项目：钻时、岩屑、岩心、荧光、钻井液、罐装气、井壁取心； （2）录井参数：钻时、井深、荧光系列对比、钻井液氯离子测定、迟到时间	（1）录井项目：随钻气测、循环钻井液气测、钻井液全脱气分析； （2）录井参数：钻时、井深、迟到时间、大钩负荷、钻压、全烃、甲烷、乙烷、丙烷、正丁烷、异丁烷、正戊烷、异戊烷、氢气、二氧化碳	（1）直接测量项目：深度、钻时、大钩负荷、大钩高度、扭矩、立管压力、转盘转速、套管压力、密度、泵冲、钻井液池体积、温度、电导率、流量、全烃、甲烷、乙烷、丙烷、异丁烷、正丁烷、异戊烷、正戊烷、二氧化碳、氢气、硫化氢； （2）计算项目：迟到时间、地层压力参数； （3）分析化验项目：泥（页）岩密度分析参数、碳酸盐岩含量分析参数； （4）其他项目：热真空蒸馏分析参数
主要用途	随钻录井的基本方法	及时准确发现和测出储层中的天然气、轻质油	（1）随钻录井； （2）随钻地质评价落实油气显示； （3）实时钻井监控和事故预报； （4）随钻录井信息处理应用
主要设备	钻时录井仪	气测录井仪、简易录井仪	综合录井仪
应用范围	探井、评价井、开发井	一般探井、部分评价井、部分开发井	区域探井、少数预探井
备注	负责井壁取心基本数据的统计和整理描述	用气测录井，则不用综合录井	具有气测录井的功能，综合录井和气测录井无须同时采用

3.5.4.5 录井新技术

录井单项新技术是从常规录井化验分析技术中逐渐改进发展起来的，如定量荧光录井是从常规荧光录井的定性、半定量方法发展成的定量录井技术，有一些是原化验室的项目移植到现场的录井技术。录井新技术主要内容见表3-5。

表3-5 录井新技术主要内容

新技术	录井对象	功能特点	使用范围	主要设备	工作场地
地化录井	生油岩和储层样品	能快速定量评价生油岩和储层	区域探井和重点预探井	地化录井仪	钻井现场和实验室
定量荧光录井	岩屑、岩心、井壁取心	对轻质油类显示识别快捷而准确，能排除混油钻井液对油气显示识别的干扰	区域探井、重点预探井、轻质油或凝析油区探井	荧光录井仪	钻井现场
荧光显微图像录井	岩屑、岩心、井壁取心	定性评价储层内石油烃类的组分、发光颜色、强度、产状，定性评价储层岩石结构、构造、储集空间关系	区域探井、预探井	莱卡荧光显微镜	实验室
罐顶气轻烃录井	岩屑、岩心	分析参数多、灵敏度高、抗干扰能力强，能反映油层多方面的特征；在无测井资料参考的情况下，能及时评价油气层；对于特殊岩性、低孔渗油气藏判识准确率较高；能较好地反映储层的不均一性	区域探井、重点预探井、轻质油或凝析油区探井	气相色谱仪	钻井现场
热解气相色谱录井	储层岩心	确认原油组成特征，进行油气水层的识别与评价，在混油钻井液条件下对真假油气显示识别，对原油被改造程度进行判断，估算原油密度；应用于开发井，可以评价油层剩余油分布、解释水洗程度、水淹情况、水驱油效率等	区域探井、重点预探井、开发井	热解气相色谱仪	钻井现场和实验室
PK仪录井	地层岩石	现场快速测定储层物性参数，分析孔隙度、渗透率、自由流体指数及束缚水饱和度，进行储层评价	区域探井、预探井	PK仪	钻井现场和实验室
快速色谱仪录井	钻井液	分析速度快，地层分辨率高，适用于薄油气层及裂缝型油气藏勘探；气体峰值分辨率高，特别是C_1与C_2之间的分辨率高，解释准确度高；全烃测量分析准确率较高	区域探井、预探井、薄层勘探、裂缝型油气藏、小井眼井、水平井	快速色谱录井仪	钻井现场和实验室
钻柱应力波频谱录井	钻具	卡钻监测，震源检测，地层跟踪，钻头磨损监测，音频录井	区域探井、预探井、陆上深井和超深井、海洋钻井	DLS振动分析系统	钻井现场
核磁共振扫描录井	地层岩石	在现场准确、快速地测定岩样物性，划分和评价有效储层，指导现场钻进，为完钻测试提供数据；与地化、定量荧光等分析数据结合，可以更准确及时地计算含油量及估算储层产能、储量	适合油质较轻（黏度小于25mPa·s）的井	核磁共振扫描仪	钻井现场和实验室
随钻地震监测录井	钻探地层	进行地层预测，确定地层层位、距靶距离、取心位置和异常压力带；不需要任何井下工具即可获得人工地震资料，不会干扰正常钻井作业；在钻井作业期间无须起下钻即可随时预测下部地层的顶底界和钻头在井下的使用情况，鉴别钻井危险情况	牙轮钻头钻井；在海上作业时，仅限于在较浅水域内使用	TOMEX随钻地震监测系统	钻井现场

3.5.5 录井资料要求

3.5.5.1 区域探井录井资料要求

区域探井属于盆地（坳陷）进行区域早期评价的探井，也称参数井。区域探井钻探任务是了解不同构造单元的区域地层，查明一级构造单元的地层发育、生烃能力、生储盖条件，为地球物理勘探提供所需要的地层岩性、岩相资料、生油及储油资料、地层密度、电阻率、磁化率等地层参数。

区域探井录取的原始资料有岩心描述、岩屑描述、地质日志等 15 项；完井资料有完井地质总结报告、钻井基本数据表等 23 项；分析化验资料有全井系统取样、地层岩性、物理化学性质和古生物等 9 项。表 3-6 给出了区域探井录井资料要求示例，区域探井常规地质化验分析项目见表 3-3。

表 3-6 区域探井录井资料要求

录井项目	非目的层		目的层		备 注
	浅层	中层	砂岩、泥岩	碳酸盐岩	
岩屑（m/ 包）	5~10	2~5	1~2	0.5~1	在非目的层发现油气显示，加密取样，必要时钻井取心
钻时、气测（m/ 点）	2~5		0.5~1	0.5~1	使用综合录井仪。见油气显示必须加密测点，并连续做系统气相色谱分析，取样做轻烃分析
钻井液性能氯离子（m/ 点）	25~100		10~50	2~10	每班必须做一次钻井液全套性能，油气显示处必须加密测量并取样，对新的油气显示层要循环观察清楚，做轻烃分析
漏失（m/ 点）	观察		20	5	见明显漏失时需加密观测
荧光	逐包湿照，储层逐包干照，滴照，浸泡定级，肉眼能鉴定含油级别时不做浸泡定级				碳酸盐岩必须做荧光薄片鉴定
岩心	按总体设计考虑，钻井取心进尺不少于总进尺的 3%				
化验分析	全井系统取样，取得地层的岩性、地球物理化学、古生物分析资料。现场配备双目显微镜、分选筛、快速孔隙度和渗透率分析仪				
实物剖面	全井做 1:500 岩屑实物柱状剖面，碳酸盐岩目的层做 1:200 实物柱状剖面				
地层测试	钻进中发现良好油气显示，立即进行中途测试，交井后尽快试油				

注：区域探井包括参数井、地质探井。重点预探井录取资料密度要求同区域探井。

3.5.5.2 预探井录井资料要求

预探井是在圈闭预探阶段、在地震详查基础上部署的探井。预探井按其钻探目的不同又可分为新油气田预探井和新油气藏预探井两类：新油气田预探井是在新的圈闭上找新的油气田；新油气藏预探井是在已探明油气藏边界外勘探新的油气藏，或在已探明的浅油气藏以下勘探较深油气藏。

预探井录取的原始资料比区域探井少实物剖面 1 项，共 14 项；完井资料与区域探井相同，共 23 项；分析化验资料有岩石矿物、油层物性等 8 项，比区域探井少绝对年龄测定 1 项。表 3-7 给出了预探井录井资料要求示例。

表 3-7 预探井录井资料要求

录井项目	非目的层	目的层		备 注
		砂岩、泥岩	碳酸盐岩	
岩屑（m/包）	5~10	1~2	0.5~1	在非目的层发现油气显示，加密取样，必要时钻井取心
钻时、气测（m/点）	2~5	0.5~1	0.5~1	上综合录井仪。见油气显示，必须加密测点，并做系统气相色谱分析，取样做轻烃分析
钻井液性能氯离子（m/点）	25~100	10~50	2~10	每班必须做一次钻井液全套性能，油气显示处必须加密测量并取样，对新的油气显示层要循环观察清楚，做轻烃分析
漏失（m/点）	观察	50	5	见明显漏失时需加密观测
荧光	逐包湿照，储层逐包干照，滴照定级，浸泡定级，肉眼能鉴定含油级别时不做浸泡定级			碳酸盐岩必须做荧光薄片鉴定
岩心	按总体设计考虑，钻井取心进尺不少于总进尺的 1%			
化验分析	全井系统取样，取得地层的岩性、地球物理化学、古生物分析资料。现场配备双目显微镜、分选筛、快速孔隙度和渗透率分析仪			
实物剖面	中深层和目的层做 1:500 岩屑实物柱状剖面，碳酸盐岩目的层做 1:200 实物柱状剖面			
地层测试	钻进中发现良好油气显示，立即进行中途测试，交井后尽快试油			

注：预探井录取资料密度同区域探井。

3.5.5.3 评价井录井资料要求

评价井是在已证实有工业性油气构造、断块或圈闭上，在地震详查基础上部署的探井。评价井的任务是取得更多的油气层资料和储量计算参数，综合评价油气层、油气藏，查明油气藏类型，评价油气田规模、生产能力以及经济价值，落实探明储量。

评价井录取的原始资料比预探井少岩样汇集 1 项，共 13 项；完井资料比预探井少地温梯度、地震测井 2 项，共 21 项；分析化验资料比预探井少 5 项，只有岩石矿物、油层物性分析和油气水分析，共 3 项。表 3-8 给出了评价井录井资料要求示例。

表 3-8 评价井录井资料要求

录井项目	非目的层	目的层		备 注
		砂岩、泥岩	碳酸盐岩	
岩屑（m/包）		1~2	0.5~1	距目的层 100m 以上开始录井。非目的层发现油气显示时加密取样
钻时、气测（m/点）		0.5~1	0.5~1	无气测仪时，钻时录井间距同岩屑录井间距。见油气显示时气测必须加密测量，加密分析
钻井液性能氯离子（m/点）		20~50	2~10	每班必须做一次钻井液全套性能分析，油气显示处必须加密测量并取样，对新的油气显示层要循环观察清楚，做轻烃分析
漏失（m/点）	观察	50	5	见明显漏失时需加密观测

录井项目	非目的层	目的层		备　注
		砂岩、泥岩	碳酸盐岩	
荧光	逐包湿照，储层逐包干照，滴照，浸泡定级，肉眼能鉴定含油级别时不做浸泡定级			碳酸盐岩必须做荧光薄片鉴定
岩心	按总体设计考虑，选部分井钻井取心			
化验分析	取全储层地球物理化学资料。现场配备双目显微镜、分选筛、快速孔隙度和渗透率分析仪			
实物剖面	个别井油层段做1：500岩屑实物剖面，其余做特殊岩性、含油岩石岩样汇集			
地层测试	钻进中发现良好油气显示，完井后尽快试油			

3.5.5.4 开发井录井资料要求

开发井分为生产井、注水井、观察井、检查井、调整井、基础井等，录取的原始资料、完井资料、分析化验资料和采用的录井方法均相同。

开发井录取的原始资料有观察记录、地质日志等13项；完井资料有完井地质总结、钻井基本数据表等21项；分析化验资料有岩石矿物、油层物性等3项。表3-9给出了开发井录井资料要求示例。

表3-9　开发井录井资料要求

录井项目	非目的层	目的层		备　注
		砂岩、泥岩	碳酸盐岩	
岩屑（m/包）		1～2	0.5～1	距目的层100m以上开始录井。非目的层发现油气显示时加密取样
钻时、气测（m/点）		0.5～1	0.5～1	无气测仪时，钻时录井间距同岩屑录井间距。非目的层油气显示处加密1倍测点
钻井液性能氯离子（m/点）		20～50	2～10	每班必须做一次钻井液全套性能分析，油气显示处必须加密测量并取样，对新油气显示要循环观察清楚，做轻烃分析
漏失（m/点）	观察	20	5	见明显漏失时需加密连续观察
荧光	逐包湿照，储层逐包干照，滴照，浸泡定级，肉眼能鉴定含油级别时不做浸泡定级			碳酸盐岩必须做荧光薄片鉴定
岩心	按总体设计考虑，选部分井钻井取心			
化验分析	取全储层物化资料			
岩样汇集	特殊岩性、含油岩屑做岩样汇集			
地层测试	钻进中发现良好油气显示，完井后优先试油			

钻井工程工艺（第二版）

3.6 其他作业

3.6.1 环保处理

钻井现场施工中环境保护要求是使现场排放的"三废"（废气、废液、固体废弃物）减少到最低限度；对有利用价值的废弃物，集中回收；暂时不能利用的废弃物，按政府法令规定的要求，进行无害化处置。主要内容有防治水污染、防治空气污染、防治噪声污染、搞好废弃物处理、清理完井后场地等。涉及钻前工程中的废液池、污水池、垃圾坑，钻进工程中的设备噪声控制、柴油机和车辆尾气排放、污水净化处理等众多方面。其中，需要单独发生费用且额度较大的主要有钻井污水处理、废弃钻井液处理。

3.6.1.1 钻井污水处理

除正常控制和管理措施外，钻井污水处理主要指采用污水处理设备和化学处理剂，对钻井过程中的各种污水实施处理，达到国家和当地政府规定的排放标准，排出井场或重复利用。排出井场的废水必须符合《污水综合排放标准》（GB 8978—1996）的二类标准值要求。表3-10摘录了主要水质指标。

表3-10 《污水综合排放标准》（GB 8978—1996）二级标准值

序号	污染物	允许浓度	序号	污染物	允许浓度
1	总汞（mg/L）	0.05	8	pH 值	6~9
2	烷基汞（mg/L）	不得检出	9	石油类（mg/L）	10
3	六价铬（mg/L）	0.5	10	悬浮物（mg/L）	200
4	总砷（mg/L）	0.5	11	挥发酚（mg/L）	0.5
5	总铅（mg/L）	1.0	12	硫化物（mg/L）	1.0
6	总镉（mg/L）	0.1	13	化学需氧量（mg/L）	150
7	总银（mg/L）	0.5	14		

3.6.1.2 废弃钻井液处理

常用的废弃钻井液处理方法介绍如下。

3.6.1.2.1 直接排放法

这是既经济又方便的方法之一，主要适用于常规淡水基钻井液。所有的油基钻井液、盐水钻井液和"三磺"体系钻井液均不可直接排放。由于"无毒、无害"性界限的界定困难，这种方法不宜选择。

3.6.1.2.2　直接填埋法

这种方法的适用条件是废弃钻井液中盐类、有机物质、油、重金属含量很低，对储存坑周围地下水造成污染的可能性很小，污染物浓度维持在环境可接受范围以下。对油类、化学需氧量（COD）、氯离子（Cl⁻）、氟离子（F⁻）、重金属等含量严重超标的废钻井液不能采用这种方法。

3.6.1.2.3　坑内密封法

这种方法又称安全土地填埋。在储存坑的底部和四周铺一层有机土，然后在其上面铺一层塑料垫层，再盖一层有机土；也可以在底部和四周加固化层，以防渗漏。再将基本干燥的钻井固体废物填充在坑内，上表面覆盖密封，然后恢复地貌。

3.6.1.2.4　土地耕作法

这种方法是把废弃钻井液按一定的比例与土壤混合，充分地稀释其中的有害物。土地耕作法使用条件：（1）有开阔平坦的土地，便于机械化耕作；（2）具备防止发生侵蚀的地表条件；（3）地下水位有足够的深度；（4）淡水基废弃钻井液。氯离子含量高、公害成分含量高（COD、BOD、油等）及生物毒性很大的废弃钻井液不能采用此法处理。

3.6.1.2.5　化学脱稳干化场处理法

在干旱地区，可将废弃钻井液先进行脱稳处理后，直接将其存于人造处理场，待水分蒸发或浸出液回收处理后，在自然条件下干化。这种方法需要建设大的储存池，以足够容纳一定范围内钻井产出的废弃钻井液。有条件的可造混凝土池或密封填埋的储池，待废弃物于储存池内干化，堆放到一定程度后，可直接封土填埋。同直接密封填埋相比，这种方法最大的优点是处理量大，废钻井液脱水迅速。该方法适用于生产井或井距近、周围环境污染控制要求不高的地区。

3.6.1.2.6　注入安全地层或环形空间法

将废钻井液注入压力梯度较低且周围不渗透的深井地层，也可将钻井液注入井眼环形空间或不渗透地层间的盐水层。这种方法对地层条件选择有严格的要求，要准确地勘探地层结构条件，投入资金大，有潜在的污染威胁，因而很多国家限制或禁止使用此法。

3.6.1.2.7　闭合回路系统法

这是一种采用把废钻井液通过闭合回路系统循环使用的方法。可用于陆上、海上油田，适用于水基和油基钻井液体系。闭合回路系统主要组成单元为絮凝单元、脱水单元、水控单元和固控单元，如图3-22所示。

闭合回路系统对废弃钻井液的处理具有较好的效果，可以充分发挥固控系统的作用，改善钻井液的质量，降低成本，提高固控效率和废钻井液净化率，减少废物体积。在高效

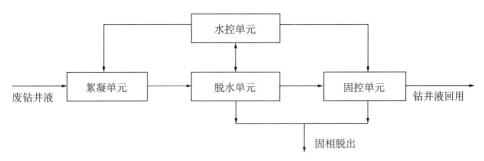

图 3-22 闭合回路系统

率的闭合回路系统中，没有液体排出，脱出的固相很干，含水率低，可填埋、土地耕作、铺路等。闭合回路系统的造价很高。

3.6.1.2.8 焚烧法

仅适用于油基钻井液。利用焚烧法，使可烧性固体废物氧化分解，从而减少体积，去除毒性，回收能量及副产品。由于费用高，因而很少使用。

3.6.1.2.9 微生物法

这种方法大多在陆地上用来处理含油废钻井液。要求筛选降解力强的菌种。与其他处理方法相比，微生物法具有去除有机物效率高，工艺操作简单、可靠和维护费用低等优点。缺点是生物降解时间长，使得这项技术的现场应用受到一定的限制。

3.6.1.2.10 固化处理法

固化处理法是向废弃水基钻井液中加入固化剂，使其转化成类似土壤的固体，原地填埋或用作建筑材料等。该方法能显著降低废钻井液中金属离子和有机质对土壤的侵蚀和土壤沥滤程度，从而减少对环境的影响和危害。常用固化方法有水泥基固化、石灰基固化、水玻璃固化等。

3.6.1.2.11 溶解萃取法

用溶剂对废钻井液尤其是钻屑进行清洗，将油类萃取去除，然后用溶剂闪蒸、重新冷凝收集，重复使用，回收油类可再次用于配制油基钻井液。由于成本太高，又仅限于油基钻井液，因而使用受到限制。

3.6.1.2.12 钻井液转化水泥浆法

此方法是在废钻井液中加入分散剂、高硬度炉渣等，将其转变成固井用水泥。使用该方法可以将钻井液回收利用，并可减少固井水泥的用量。这种方法适宜的范围很窄，转化的废钻井液量很少，不能从根本上解决大量废弃钻井液的问题，而且不同的钻井液体系，配方不同，因而施工操作较困难。

3.6.1.2.13　集中排放法

将废弃钻井液拉运、排放到指定地点,由专门的环保公司或环保处理场集中管理。

3.6.2　地貌恢复

清除井场所有废料和垃圾,拆除井场内所有地上和地下的障碍物,回收所有井场散失的活动基础。回收和处理生活垃圾。恢复工区周围自然排水通道。钻井队搬迁后,应立即用推土机或挖掘机回填各种池坑,然后平整场地,逐层压实。若条件许可,可撒上草籽或植物种子进行绿化。

3.7　钻进工程队伍人员

钻进工程队伍人员与当地生产条件、施工单位生产组织方式、平均单台钻机年钻井工作量等密切相关,不同的生产组织方式其施工队伍和人员组成是有区别的,需要根据各油田实际情况确定合适的钻进工程施工队伍和人员。这里参考中国石油天然气集团公司企业标准 Q/SY 1011—2012《钻井工程劳动定员》,示例性给出了钻进工程队伍人员情况。

3.7.1　钻井队定员

钻井队定员见表 3-11。在下列情况下,钻井队定员人数应相应进行调整:

(1)钻井队卫生员由医疗机构提供服务;若无医疗机构提供服务时,钻井队定员可增加卫生员 1 人。

(2)高寒地区冬季钻井队锅炉工为季节工,由锅炉队提供人员上井服务;没有专业化锅炉队服务的井队,可根据需要增加锅炉运行人员。

(3)材料工由大班兼任,远离基地的边远探井,钻井队定员可增加材料工 1 人。

(4)无专业服务公司提供生活服务的单位,钻井队定员人数可增加炊管人员 4 人。

(5)在地面海拔 3000m 以上或冬季最低气温在 -30℃ 以下地区作业的钻井队,定员人数可增加钻井工 4 人和柴油机司助 4 人。

(6)已成立专业化钻井液技术服务公司或由专业化钻井液技术服务公司提供钻井液服务的单位,钻井队定员人数应减少从事钻井液工作人员定员。

(7)二层平台有自动操作装置的钻井队,其劳动定员人数应减少井架工 4 人。

(8)在重丘、山岭施工作业的钻井队,钻井队定员人数可增加打水工和污水处理工 1 人。

(9)在没有异体监督地区的钻井队,钻井队定员人数可增加 HSE 监督员 1 人。

(10)在打复杂井时,钻井队定员人数可增加钻井工程师 1 人。

3.7.2　管具服务定员

管具服务定员计算公式为

$$Y_3 = 58 + 5.45X \qquad (3-1)$$

表3-11　钻井队定员

序号	钻机类型	合计(人)	管理及技术人员(人) 小计	队长	指导员	副队长	钻井工程师	机电工程师	钻井液工程师	大班(人) 小计	大班司钻	大班司机	大班记录	生产班(人) 小计	司钻	副司钻	井架工	内钳工	外钳工	场地工	记录工	柴油机司机	柴油机司助	电工	钻井液作业工	后勤人员(人) 小计	经管员	生活管理员
1	1000m钻机	44	5	1	1	1	1		1	3	1	1	1	34	4	4	4	4	4	4		4	4		2	2	1	1
2	1500m钻机	44	5	1	1	1	1		1	3	1	1	1	34	4	4	4	4	4	4		4	4		2	2	1	1
3	1500m电动钻机	45	6	1	1	1	1	1	1	3	1	1	1	34	4	4	4	4	4	4		4		4	2	2	1	1
4	2000m钻机	44	5	1	1	1	1		1	3	1	1	1	34	4	4	4	4	4	4		4	4		2	2	1	1
5	2000m车装钻机	44	5	1	1	1	1		1	3	1	1	1	34	4	4	4	4	4	4		4	4		2	2	1	1
6	2000m电动钻机	45	6	1	1	1	1	1	1	3	1	1	1	34	4	4	4	4	4	4		4		4	2	2	1	1
7	3000m车装钻机	49	5	1	1	1	1		1	3	1	1	1	39	4	4	4	4	4	4	4	4	4		3	2	1	1
8	4000m钻机	50	6	1	1	1	2		1	3	1	1	1	39	4	4	4	4	4	4	4	4	4		3	2	1	1
9	4000m电动钻机	52	8	1	1	1	2	2	1	3	1	1	1	39	4	4	4	4	4	4	4	4		4	3	2	1	1
10	5000m钻机	55	6	1	1	1	2		1	3	1	1	1	44	4	4	8	4	4	4	4	4	4		4	2	1	1
11	5000m电动钻机	57	8	1	1	1	2	2	1	3	1	1	1	44	4	4	8	4	4	4	4	4		4	4	2	1	1
12	7000m钻机	57	8	1	1	1	2	1	2	3	1	1	1	44	4	4	8	4	4	4	4	4	4		4	2	1	1
13	7000m电动钻机	58	9	1	1	1	2	2	2	3	1	1	1	44	4	4	8	4	4	4	4	4		4	4	2	1	1
14	9000m钻机	62	9	1	1	1	2	2	2	3	1	1	1	48	4	4	8	8	8	4	4	4			4	2	1	1

式中　Y_3——管具服务定员人数，人；

　　　　X——钻机数量，台；

　　　　5.45——计算系数，人 / 台。

按照 1.00 的定员调整系数计算的管具服务定员见表 3-12，管具服务定员调整系数见表 3-13。

表 3-12　管具服务定员

序号	钻机数量（台）	合计（人）	管理岗位（人）		操作岗位（人）						
			管理人员	综合服务	钻具车间	加工车间	供应车间	井口作业车间	摩擦对焊车间	井控维修车间	检验（探伤）车间
1	15	139	6	25	28	18	15	15	7	15	10
2	20	167	7	27	32	20	19	19	11	19	13
3	30	222	9	35	43	27	26	26	14	25	17
4	40	276	11	44	54	33	32	32	17	31	21
5	50	331	14	52	65	40	39	39	21	37	25
6	60	385	16	61	76	47	45	45	24	43	29
7	70	440	18	69	88	54	51	51	28	49	33
8	80	494	20	77	99	60	57	57	31	54	37
9	90	549	22	86	110	68	64	64	34	60	41
10	100	603	24	94	121	75	70	69	38	67	45
11	110	658	26	102	132	82	76	76	41	73	49
12	120	712	29	110	143	89	83	82	45	79	53
13	130	767	31	118	154	96	90	88	49	84	57
14	140	821	33	126	166	103	96	94	52	90	61
15	150	876	35	135	177	109	102	101	56	97	65

表 3-13　管具服务定员调整系数

单台钻机年钻井进尺（×10⁴m）	0.8	1.2	1.6	1.8	2.0	2.4	2.8	3.2	3.6	4.0	4.6
定员调整系数	0.90	0.94	0.98	1.00	1.02	1.06	1.10	1.14	1.18	1.22	1.26

3.7.3　钻井液服务定员

钻井液服务定员见表 3-14。若为超过 5500m 的超深井，则增加辅助工程师 1 人。

表 3-14　钻井液服务定员

序号	合计（人）	工程师（人）	钻井液工（人）
1	9	3	6

3.7.4 定向服务定员

定向服务定员计算公式为

$$Y_4 = 8 + 2.3X \tag{3-2}$$

式中 Y_4——定员人数，人；

X——钻机数量，台；

2.3——计算系数，人／台。

定向服务定员见表3-15。

表3-15 定向服务定员

序号	钻机数量（台）	合计（人）	队长（人）	副队长（HSE管理员）（人）	定向工程师（人）	测量工程师（人）	地质导向工程师（人）	随钻测量岗（人）	准备岗（人）
1	10	31	1	1	10	6	2	9	2
2	20	54	1	2	17	10	4	16	4
3	30	77	1	3	23	14	6	25	5
4	40	100	2	3	32	18	8	31	6
5	50	123	2	4	38	22	10	40	7

3.7.5 欠平衡服务定员

欠平衡服务定员计算公式为

$$Y_5 = 21 + 1.2X_1 \tag{3-3}$$

式中 Y_5——定员人数，人；

X_1——作业队数量，支；

1.2——计算系数，人／支。

欠平衡服务定员见表3-16和表3-17。

表3-16 欠平衡服务定员

序号	作业队数量（支）	合计（人）	管理人员（人）	技术人员（人）	操作人员（人）
1	1	22	2	4	16
2	5	27	3	6	18
3	10	33	4	8	21
4	15	39	5	10	24
5	20	45	5	13	27

表3–17　欠平衡钻井服务单机单队岗位定员

序号	合计（人）	管理人员（人）		技术人员（人）		综合服务人员（人）		作业人员（人）		
		队长	副队长	欠平衡工艺工程师	井控装备工程师	HSE管理人员	资料员	旋转防喷器操作工	节流管汇操作工	液气分离器及燃烧系统操作工
1	22	1	1	1	1	1	1	8	4	4

3.7.6　取心服务定员

取心服务定员见表3–18。

表3–18　取心服务定员

序号	服务类型	合计（人）	管理及技术人员（人）			操作人员（人）
			队长	副队长	工程师	现场操作岗
1	常规取心	3	1	0	1	1
2	特殊取心	5	1	1	1	2

在下列情况下，取心服务队定员人数应相应进行调整：作业井深大于1000m且小于3000m时，常规取心增加现场操作工1人，特殊取心增加现场操作工1人；作业井深大于3000m时，常规取心增加副队长1人，增加现场操作工2人，特殊取心增加现场操作工2人。

3.7.7　固井作业定员

固井作业定员计算公式为

$$Y_6 = 34 + 4.96X \tag{3-4}$$

式中　Y_6——固井作业定员人数，人；

X——服务钻机数量，台；

4.96——计算系数，台／人。

固井作业定员见表3–19。

表3–19　固井作业定员

序号	服务钻机数量（台）	合计（人）	固井队伍（人）	技术研究队伍（人）	修保队伍（人）	综合服务队伍（人）
1	10	84	48	8	19	9
2	15	108	66	10	22	10
3	20	133	84	12	25	12
4	25	158	100	13	30	15
5	30	183	117	15	35	16
6	35	208	134	16	40	18

续表

序号	服务钻机数量（台）	合计（人）	固井队伍（人）	技术研究队伍（人）	修保队伍（人）	综合服务队伍（人）
7	40	232	151	18	43	20
8	45	257	172	19	45	21
9	50	282	191	21	48	22
10	55	307	211	22	51	23
11	60	332	230	24	54	24

以服务 30 台钻机规模为例，标准队岗位定员见表 3-20。根据单台钻机年完井口数，定员调整系数见表 3-21。

表 3-20　标准队岗位定员

队伍类型	岗位	数量（人）	小计（人）
固井队伍	队长	1	117
	书记	1	
	副队长	2	
	统计员	1	
	经管员	1	
	HSE 管理员	1	
	生产调度	3	
	汽车驾驶员	42	
	固井工	65	
技术研究队伍	队领导	3	15
	固井技术	7	
	化验技术	3	
	固井资料工	1	
	经管员	1	
修保队伍	队领导	3	35
	机械技术员	3	
	统计员	1	
	经管员	1	
	HSE 管理员	1	
	汽车检验工	2	
	汽车修理工	19	
	车工	1	
	钳工	1	
	电焊工	1	
	电工	1	
	维修电工	1	

续表

队伍类型	岗位	数量（人）	小计（人）
综合服务队伍	队领导	3	16
	经管员	1	
	统计员	1	
	HSE 管理员	1	
	仓库保管工	7	
	门卫	3	
合计		183	183

表 3-21 固井作业定员调整系数

单台钻机年完井口数（口）	4	5	6	7	8	9	10	11	12	13	14	15	16	17	18	19	20
定员调整系数	0.96	0.98	1	1.02	1.04	1.06	1.08	1.1	1.13	1.16	1.19	1.22	1.25	1.28	1.31	1.35	1.39

3.7.8 测井作业定员

参考中国石油天然气集团公司企业标准 Q/SY 1026—2015《测井工程劳动定员》，测井作业定员包括测井作业队、解释评价、测井仪修、辅助生产岗位的定员。

3.7.8.1 测井作业队定员

测井作业队定员见表 3-22，随钻测井作业队定员见表 3-23，射孔、取心作业队定员见表 3-24，VSP 测井作业队定员见表 3-25。

表 3-22 测井作业队定员

序号	队伍类别	合计（人）	测井作业队长（人）	测井操作工程师（人）	测井助理操作工程师（人）	测井工（人）	驾驶员（人）
1	成像测井	10	1	1	1	5	2
2	数控测井	9	1	1	1	4	2
3	过钻杆测井	8	1	1	1	3	2
4	套管测井	8	1	1	1	2	3
5	测试	4	1	—	—	2	1
6	海上测井	6	1	1	1	3	—

注：包含轮休轮训定员。

表 3-23 随钻测井作业队定员

序号	队伍类别	合计（人）	测井作业队长（人）	地质导向工程师（人）	定向工程师（人）	测井操作工程师（人）
1	随钻测井	7	1	2	2	2

注：包含轮休轮训定员。

表 3-24 射孔、取心作业队定员

序号	队伍类别	合计（人）	测井作业队长（人）	测井操作工程师（人）	测井助理操作工程师（人）	射孔取心工（人）	驾驶员（人）
1	射孔、取心	8	1	1	1	3	2
2	海上射孔	6	1	1	1	3	—

注：包含轮休轮训定员。

表 3-25 VSP 测井作业队定员

序号	班组	零偏、非零偏VSP 作业队（人）		WALKWAY、三维VSP 作业队（人）		井间地震VSP 作业队（人）	井中微裂隙预测 VSP作业队（人）	地面微裂隙预测 VSP作业队（人）
		井炮	震源	井炮	震源			
	合计	73	53	79	59	38	32	32
1	队部	6	6	6	6	6	6	6
2	辅助性操作人员	14	14	14	14	14	14	14
3	仪器及检波器组	12	12	15	15	12	6	6
4	技术组	6	6	9	9	6	6	6
5	激发组 *	35	15	35	15	—	—	—

注：* 在高原、山地、黄土塬区施工时，应增加钻井人员 18 人。

3.7.8.2 测井解释评价定员

测井解释评价定员见表 3-26。

表 3-26 测井解释评价定员

序号	类别	作业队伍数量（支）								
		5	10	15	20	25	30	35	40	45
1	成像测井解释评价（人）	20	36	51	66	79	92	105	116	127
2	数控测井解释评价（人）	11	21	31	41	50	59	67	75	82
3	动态监测解释评价（人）	10	19	27	35	43	50	57	63	69

注：（1）每 2 支作业队射孔解释评价岗位定员 1 人；
　　（2）每 5 支作业队测试解释评价岗位定员 3 人。

3.7.8.3 测井仪修定员

测井仪修定员见表 3-27。

表3-27 测井仪修定员

序号	岗位类别	作业队伍数量（支）							
		3	5	7	10	15	20	25	30
1	成像测井仪修（人）	8	12	16	23	33	42	51	59
2	数控测井仪修（人）	6	10	13	18	26	33	40	46
3	套管测井仪修（人）	5	7	10	13	19	24	30	35

注：（1）每2支射孔作业队仪修岗位定员1人；
（2）每支取心作业队仪修岗位定员1~3人；
（3）每3支测试作业队仪修岗位定员1人。

3.7.8.4 辅助生产定员

（1）HSE监督岗位：每5支作业队应定员1人。
（2）车辆检验岗位：每6~10支作业队应定员1人。
（3）放射性、火工品押运：每台运输车辆应配备驾驶员和押运员各1人。
（4）电缆标定岗位：每口标准井应定员1~3人。
（5）计量检定岗位：每8~12支作业队应定员1人。
（6）源库或弹药库保管：每班应定员2人。
（7）生产支持岗位：每5支作业队应定员1人。
（8）高温高压岗位：每个高温高压实验室应定员5人。
（9）岩电实验岗位：每种实验方法应定员1~2人。
（10）同位素配置岗位：每4支作业队应定员1人。
（11）生产调度岗位：每班应定员1~2人。

3.7.9 录井作业定员

参考中国石油天然气集团公司企业标准Q/SY 1280—2010《录井工程劳动定额》，录井作业队定员见表3-28。

表3-28 录井作业队劳动定员

序号	岗位	地质录井队（人）	地化录井队（人）	气测录井队（人）	试油（试修）录井队（人）	综合录井队（人）		
						气测+工程	地质+气测	地质+气测+工程
	合计	6	4	6	6	6	11	11
1	队长	1	1	1	1	1	1	1
2	大班	1		1	1	1	2	2
3	操作员		3					4
4	地质工	4					4	4
5	气测工			4	4	4	4	

3.8 钻进工程设备工具

3.8.1 钻井作业主要设备

钻机是钻井作业的主要设备，也是整个钻井工程的主要设备。主力钻机的能力基本代表了目前该油气区的钻井生产力水平。

3.8.1.1 钻机级别

钻机级别标准按所用钻具的最大额定钻深能力除以 100 来确定，如国内原钻机级别标准按钻深能力分为 ZJ32、ZJ45、ZJ60 等，即钻深能力分别为 3200m、4500m、6000m，是按外径 127mm（5in）钻杆负荷测算的钻深能力。1999 年后同国际标准相接轨，根据 API 标准，按 114mm（$4\frac{1}{2}$in）钻杆负荷测算的钻深能力，划分出 9 个钻机级别。钻机级别与主要钻机类型对应关系见表 3-29。

表 3-29 钻机级别与主要钻机类型对应关系

序号	钻机级别	钻深能力（m）	钻机类型
1	ZJ10	1000	ZJ10L
2	ZJ15	1500	ZJ15L、ZJ15D、XJ550S、ZJ15、ZJ15Z、ZJ15X、ZJ15DB-1、BY-40
3	ZJ20	2000	ZJ20L、ZJ20D、ZJ20DB、ZJ20CZ、ZJ20Z、ZJ20DF、ZJ20J
4	ZJ30	3000	ZJ30L、ZJ30DZ、ZJ30DB、ZJ30Z、ZJ30B、ZJ30JD、2DH-100、ZJ30K
5	ZJ40	4000	ZJ32、ZJ40D、ZJ40DB、ZJ40J、ZJ40L、ZJ40T、ZJ40LT、ZJ40DBS、ZJ40DZ、DQ-130
6	ZJ50	5000	ZJ45、ZJ50D、ZJ50DB、ZJ50L、ZJ50DBS、ZJ50DZ、F250
7	ZJ70	7000	ZJ70L、ZJ70D、ZJ70DB、ZJ70LD、ZJ70DZ、ZJ70DBS、F320、ZJ60D、ZJ60DS
8	ZJ90	9000	ZJ90DZ、C-3-11、E-2100、F-400、C-2-1
9	ZJ120	12000	ZJ120/9000DB-1

3.8.1.2 钻机配套标准

钻机配套包括提升与旋转系统、动力与传动系统、钻井液循环与净化系统、辅助设备及设施、井控系统、井场用房、安全设施、生活设施等，具体到每一部钻机配套时，其类型不同，具体配套标准有差异。ZJ50/3150 钻机基本配置见表 2-2。

3.8.2 钻井作业主要工具

3.8.2.1 钻具

3.8.2.1.1 钻具构成和作用

钻具是钻井工程不可缺少的主要工具，由方钻杆、钻杆、钻铤和其他井下工具（转换接头、稳定器、减振器、悬浮器等）组成钻柱，如图 3-23 所示。

在钻进过程中，钻柱上端与水龙头连接，下端连接钻头，通过钻柱把钻头和地面连接起来，为钻井液循环提供通道，随着井的加深而不断延长。钻具具有以下重要作用：

（1）给钻头动力。把地面动力（扭矩）传递给钻头，并给钻头加压，使钻头破碎岩石，钻凿地层形成井眼。

（2）为钻井液提供循环通道。通过钻具中心孔为钻井液提供循环通道，使钻井液从钻头水眼喷出，冷却和清洗钻头，协助钻头破碎岩石，携带岩屑，清洗井底。

（3）起下钻头。

（4）精确计算井深。通过钻杆的用量和方钻杆进入转盘的长度，随时可以精确计算井深。

（5）分析工况。通过对钻具工作状况分析，了解与观察地层岩性变化、井眼状况，判断钻头磨损和井下复杂情况，以便采取适当措施。

（6）承受反扭矩。使用涡轮和螺杆钻具时，承受来自钻头的反扭矩。

（7）进行特殊作业。进行取心、预防和处理井下事故与复杂情况、送入尾管、挤水泥、测井斜等特殊井下作业。

（8）测试。对地层液体及压力状况进行测试与评价。

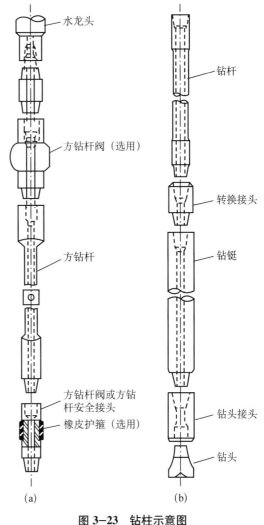

图 3-23　钻柱示意图

（a）钻柱上部；（b）钻柱下部

钻具配备分为按钻深能力配备和实际钻井深度配备两种。钻深能力配备是指根据不同类型钻机按 ϕ127mm 钻杆最大钻深能力配备，如 ZJ40 型（DQ-130）钻机应配备 ϕ127mm 钻杆长度 3200m，ZJ50 型钻机应配备 ϕ127mm 钻杆长度 4500m。实际钻井深度配备是根据不同类型钻机，按钻井工程设计的钻井深度配备。下面以 ZJ50 钻机为例说明一部钻机按钻深能力配套的钻具情况，见表 3-30。

表 3-30　ZJ50 钻机钻具配备示例

序号	名　称	规格	单位	数量
1	方钻杆	133.4mm×12.2m（四方）	根	1
2	钻杆	127.0mm	m	4500

钻井工程工艺（第二版）

续表

序号	名　称	规格	单位	数量
3	加重钻杆	127.0mm×9.14m，S135，18°，RⅡ	根	30
4	钻铤	228.6mm×9.14m（带应力槽，吊卡槽）	根	3
5	钻铤	203.2mm×9.14m（带应力槽，吊卡槽）	根	6
6	钻铤	177.8mm×9.14m（带应力槽，吊卡槽）	根	9
7	钻铤	158.8mm×9.14m（带应力槽，吊卡槽）	根	18
8	钻铤	120.7mm×9.14m（带应力槽，吊卡槽）	根	15
9	螺旋扶正器	444.5mm，扣型731×730	根	1
10	螺旋扶正器	444.5mm，扣型730×730	根	1
11	螺旋扶正器	311.1mm，扣型631×630	根	3
12	螺旋扶正器	311.1mm，扣型630×630	根	1
13	螺旋扶正器	215.9mm，扣型4A1×4A0	根	4
14	螺旋扶正器	215.9mm，扣型4A0×430	根	2
15	配合接头	扣型730×730	只	2
16	配合接头	扣型730×630	只	2
17	配合接头	扣型730×620	只	2
18	配合接头	扣型731×630	只	2
19	配合接头	扣型630×630	只	2
20	配合接头	扣型630×620	只	2
21	配合接头	扣型630×410	只	2
22	配合接头	扣型631×631（双反）	只	2
23	配合接头	扣型631×421（双反）	只	2
24	配合接头	扣型631×410	只	3
25	配合接头	扣型621×410	只	3
26	配合接头	扣型520×411	只	4
27	配合接头	扣型410×411	只	4
28	配合接头	扣型410×4A1	只	3
29	配合接头	扣型4A0×430	只	3
30	配合接头	扣型410×430	只	3
31	配合接头	扣型4A0×411	只	3
32	配合接头	扣型410×411（长810mm）	只	5
33	配合接头	扣型410×311	只	3
34	配合接头	扣型410×311（长810mm）	只	3
35	配合接头	扣型310×330	只	3

序号	名　称	规格	单位	数量
36	配合接头	扣型 731×410	只	2
37	配合接头	扣型 621×630	只	2
38	配合接头	扣型 630×521	只	2
39	配合接头	扣型 630×411	只	2
40	配合接头	扣型 521×410	只	2
41	配合接头	扣型 421×410	只	2
42	配合接头	扣型 421×4A0	只	2
43	取心工具	常规	套	1

3.8.2.1.2　方钻杆

方钻杆位于钻柱最上端，其主要作用是传递扭矩。方钻杆上部连接水龙头，下部连接钻杆，在接单根时承受全部钻柱重量的拉力；钻进时传递转盘的扭矩，带动整个钻柱旋转。在使用涡轮和螺杆钻具时，方钻杆承受反扭矩。方钻杆另一主要作用是用它来测量井深。

API 标准将方钻杆分为三棱方钻杆、四方方钻杆、六角方钻杆 3 种。大型石油钻机一般都采用四方方钻杆（图 3-24）。国外有时采用六方方钻杆。

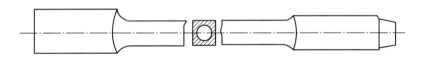

图 3-24　四方方钻杆

3.8.2.1.3　钻杆

钻杆是组成钻柱的基本部分，主要作用是传递扭矩和输送钻井液。钻杆用量大，是钻柱中最长的一段。钻杆上部连接方钻杆，下部连接钻铤。每一根钻杆都包括钻杆主体及钻杆接头两个部分，利用钻杆接头的特殊螺纹使钻杆连接起来。钻杆接头与钻杆管体的连接方式有细牙螺纹烘装式和焊接式两种。目前绝大部分采用对焊的方式，如图 3-25 所示。为加强管体与接头连接处的强度，加厚了管体两端对焊部分。加厚型式有内加厚、外加厚和内外加厚 3 种，如图 3-26 所示。

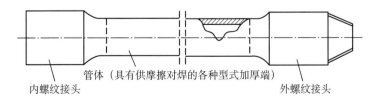

内螺纹接头　　管体（具有供摩擦对焊的各种型式加厚端）　　外螺纹接头

图 3-25　钻杆

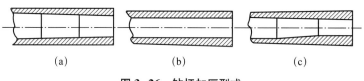

图 3-26　钻杆加厚型式

(a) 内加厚；(b) 外加厚；(c) 内外加厚

（1）钻杆钢级。

钻杆用钢一般为中碳锰钢、中碳锰钒钢、中碳铬钼钢或中碳铬镍钼钢。钻杆钢级代号见表 3-31。

表 3-31　钻杆钢级代号

标准等级		高强度等级	
等级	符号	等级	符号
N-80	N	X-95	X
E-75	E	G-105	G
C-75	C	S-135	S
V-150	V		

（2）钻杆接头扣型。

扣型（螺纹）分为数字型（NC）、正规型（REG）、贯眼型（FH）和内平型（IF）4 种。部分数字型扣型可以分别同正规型、贯眼型和内平型互换，而正规型、贯眼型、内平型之间不能互换。以上 4 种扣型同样适用于方钻杆、钻铤、转换接头和其他井下工具的扣型。

（3）加重钻杆。

加重钻杆就是壁厚比普通钻杆增加了 2~3 倍，接头比普通钻杆接头长，钻杆中间还有特制的磨锟的钻杆，如图 3-27 所示。

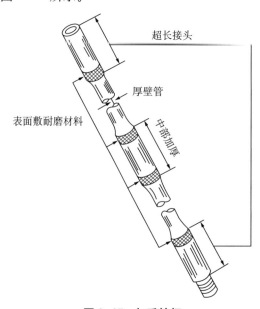

图 3-27　加重钻杆

加重钻杆主要用于以下 3 个方面：一是用于钻铤和钻杆的过渡区，缓和两者弯曲刚度的变化，以减少钻杆的损坏；二是在小井眼中代替钻铤，操作方便；三是在定向井中代替大部分钻铤，以减少扭矩和黏附卡钻等问题的发生，从而降低成本。

3.8.2.1.4 钻铤

钻铤是钻柱的重要组成部分，位于钻柱的最下端，上端连接钻杆，下端连接钻头。根据外形与材料分为以下 3 种型式：A 型钻铤（圆柱式）、B 型钻铤（螺旋式）、C 型钻铤（无磁式），如图 3-28 和图 3-29 所示。钻铤的主要作用：一是给钻头提供钻压，使旋转的钻头在钻压的作用下，不断吃入岩石形成井眼；二是对钻头扶正，使钻头工作稳定，并有利于克服井斜问题，保证井眼的垂直。

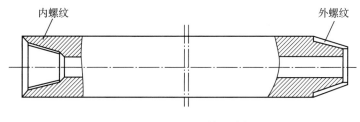

图 3-28　A、C 型钻铤结构

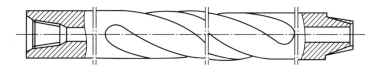

图 3-29　B 型钻铤结构

3.8.2.1.5 配合接头

配合接头又叫转换接头，是连接两种不同扣型或相同扣型而外径不同的井下工具，组成钻柱的特殊接头。配合接头分为同径式、异径式和左旋式 3 种类型，如图 3-30 所示。A 型（同径式）：一只转换接头只有一种外径 D，代号为 JTA；B 型（异径式）：一只转换接头两种外径（DL，Dm），代号为 JTB；C 型（左旋式）：转换接头连接扣型为左旋型式，代号为 JTC。

3.8.2.1.6 稳定器

稳定器又叫扶正器，是钻直井眼时满眼钻具、钟摆钻具和钻定向井眼时增斜、稳斜、降斜钻具组合中必要的工具。稳定器在不同钻具组合中有不同的用途。

在满眼钻具组合中（图 3-31），稳定器和钻头直径相近，直径差越小越好，但不能大于钻头外径，作用是减小钻铤弯曲变形和限制钻头横向位移，以保证井眼垂直。

在钟摆钻具组合中（图 3-32），稳定器一般安放在钻头以上 2 根钻铤的位置，起支点作用，在斜直井段，稳定器以下钻铤自重使钻头受到一个使之恢复垂直状态的作用力，通

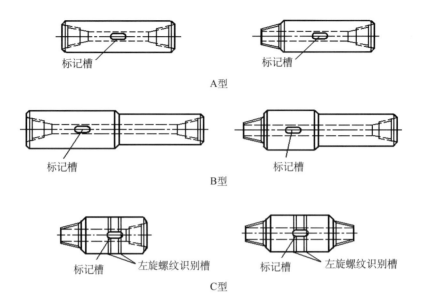

A型

B型

C型

图 3-30　配合接头类型

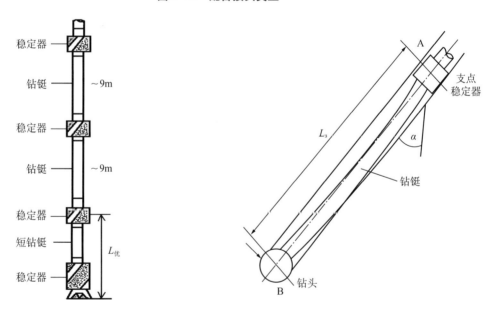

图 3-31　满眼钻具组合中稳定器

图 3-32　钟摆钻具组合中稳定器

常称为钟摆效应。这种力能抵抗地层造斜力和钻具弯曲偏斜力，起到防止井斜、保证井眼垂直的作用。

在增斜钻具组合中，近钻头稳定器为支点，稳定器上部的钻铤受压后向下弯曲，迫使钻头产生斜向力，达到增加井斜的目的。

在降斜钻具组合中，稳定器离钻头的距离一般为 10～20m。稳定器下面的钻具靠自身重力，以稳定器为支点产生向下的钟摆力，达到降斜作用的目的。

在稳斜钻具组合中，稳定器与钻头、稳定器与稳定器之间的相对距离小一些，稳定器起增加下部钻具组合刚性的作用，从而达到稳定井斜和方位的目的。

稳定器种类较多，如图 3-33 和图 3-34 所示。

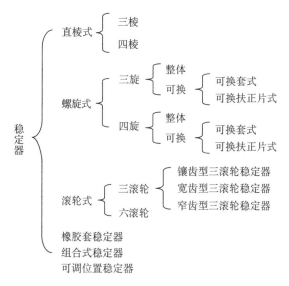

图 3-33 稳定器分类

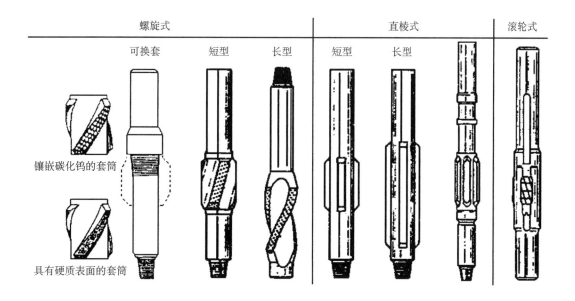

图 3-34 稳定器的基本型式

3.8.2.1.7 减振器

减振器是利用减振元件吸收或减小钻井过程中的冲击和振动负荷，保护钻头牙齿、轴承和钻具的一种钻井工具。主要由减振元件（弹簧、橡胶、可压缩的液体）、驱动部分、密

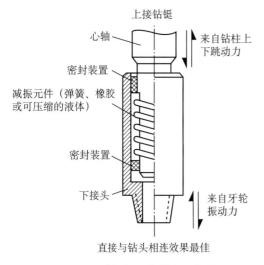

上接钻铤

心轴

密封装置

减振元件（弹簧、橡胶
或可压缩的液体）

密封装置

下接头

来自钻柱上
下跳动力

来自牙轮
振动力

直接与钻头相连效果最佳

图3−35 减振器工作原理示意图

封元件及内外筒等几个部分组成，其实质是
一个减振和缓冲弹簧。减振器工作原理如图
3−35所示。

减振器通常连接在接近钻头处。钻具减
振器的种类很多，国内常用的是液压式、组
合式和双向液压式。

3.8.2.1.8 随钻震击器

随钻震击器是连接在钻具中随钻柱一起
进行钻井作业的井下解卡工具，通常连接在
钻铤和钻杆之间，或钻铤上部，或钻柱"中
和点"（即钻铤加压后不受压、不受拉的部
位）以上第三根钻杆处，如图3−36所示。
在深井、海上钻井，尤其是定向井钻井中，
时常在下部钻具组合中安放随钻震击器，以便一旦下部钻具组合被卡，即可操纵震击器，
通过向上或向下的震击作用解卡。

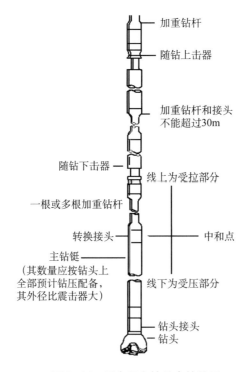

加重钻杆

随钻上击器

加重钻杆和接头
不能超过30m

随钻下击器

线上为受拉部分

一根或多根加重钻杆

转换接头

中和点

主钻铤
（其数量应按钻头上
全部预计钻压配备，
其外径比震击器大）

线下为受压部分

钻头接头
钻头

图3−36 震击器在钻具中的位置

随钻震击器按其原理分为机械式、液压式和液压机械式3种；按其功能可分为随钻上
击器、随钻下击器和上下击一体式3种。

3.8.2.1.9 井下动力钻具

井下动力钻具是依靠循环钻井液为动力旋转钻头破碎地层的钻井工具，又称液马达。井下动力钻具是旋转钻井的又一种工具，它安装在钻柱下部，直接与钻头连接。工作时由井下动力钻具带动钻头旋转破碎岩石，而不是靠转盘带动钻柱再带动钻头转动。使用井下动力钻具时，一般情况下整个钻柱不转动，这时的钻柱为钻井液提供循环通道、为钻头提供钻压，并承受来自钻头的反扭矩。钻柱不转动既节省了大量功率，又减少了钻具与套管的磨损和破坏。常用的井下动力钻具有涡轮钻具和螺杆钻具两大类，如图3-37所示。

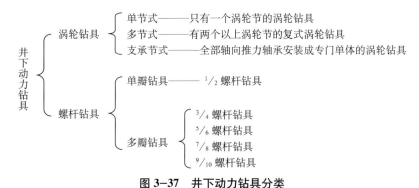

图 3-37　井下动力钻具分类

涡轮钻具由外壳、中心轴、定子和转子组成，如图3-38所示。定子固定在外壳内不能转动，转子用键固定在中心轴上，中心轴可以旋转，中心轴与钻头相接。

螺杆钻具主要由旁通阀、转子、定子、万向轴、外壳和主轴组成，如图3-39所示。

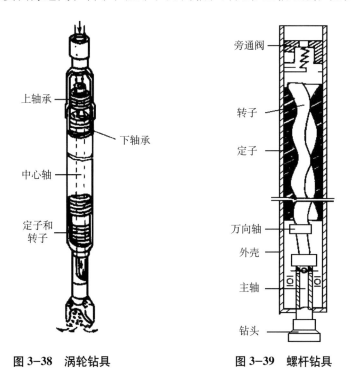

图 3-38　涡轮钻具　　　　　　**图 3-39　螺杆钻具**

涡轮钻具和螺杆钻具由于转数高，机械钻速高，进尺快，使用金刚石钻头钻进最合适，特别适用于钻定向井、水平井、小尺寸井眼井等特殊井。

3.8.2.1.10 取心工具

取心工具主要由岩心筒、岩心爪、止回阀、扶正器和悬挂轴承等部件组成，如图 3-40 所示。

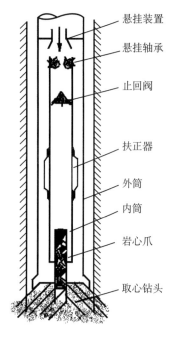

图 3-40 取心工具组成示意图

（1）岩心筒是指取心钻进时用来容纳和储存岩心的管子，分为单筒和双筒。双筒由内外岩心筒组成，为了保护岩心，内岩心筒是不旋转的，其作用是容纳和储存岩心，与岩心之间没有相对运动；外岩心筒用来连接钻头和钻柱，并承担钻压和扭矩。岩心筒悬挂装置在双筒取心时才用到，用以悬挂内岩心筒，使其在取心钻进时内岩心筒不随外筒转动，减少岩心磨损。

（2）岩心爪是用来割取岩心和承托住已割取的岩心柱的爪状工具。针对地层软硬不同，岩心爪有板簧式、卡瓦式和卡箍式等多种类型。

（3）止回阀是装在内岩心筒上端的一个单流阀，用来防止钻井液自上面冲刺岩心，让钻井液从内筒和外筒之间循环，而随着岩心增加，内筒中的钻井液可以从单流阀流出。

（4）扶正器有内外两种。外筒扶正器可以保持外筒和钻头平稳，也有利于防斜；内筒扶正器可以保持内筒稳定，使岩心筒与钻头对中性好，岩心易进入岩心筒，不易偏磨岩心。

取心工具主要径向尺寸配合关系见表 3-32，取心工具类型如图 3-41 所示。

表 3-32 取心工具主要径向尺寸配合关系

单位：mm

取心钻头		外岩心筒		内岩心筒	
外直径	内直径	外直径	内直径	外直径	内直径
149～165	66～70	133	101	89	76
215	70	194	168		
190～244	101	172	136	121	108
	105	178	154	127	112
	105	180	144		
	115～120	194	154	140	127
		216	172		
	136	219	196	168	150

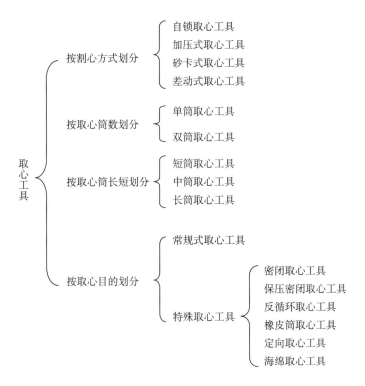

图 3-41　取心工具类型

3.8.2.2　井口工具

井口工具就是在井口用来提升、下放、夹持、悬挂钻柱，完成接单根、起下钻、换钻头、加长井深和处理井下事故等作业的辅助工具。所有井口工具的选用必须与钻机类型和钻具组合相匹配。各种井口工具的主要用途如图 3-42 所示。

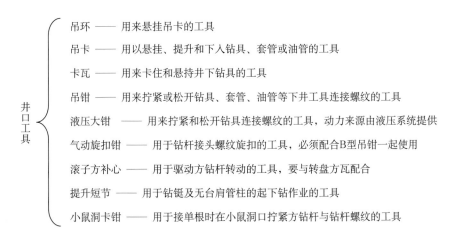

图 3-42　井口工具及其主要用途

吊钳由钳头、钳身、钳尾 3 部分组成，吊钳工作原理如图 3-43 所示。B 型吊钳分钻杆吊钳和套管吊钳，如图 3-44 所示。液气大钳主要由行星变速器、减速装置、钳头、气路系统、液压系统等组成，如图 3-45 所示。

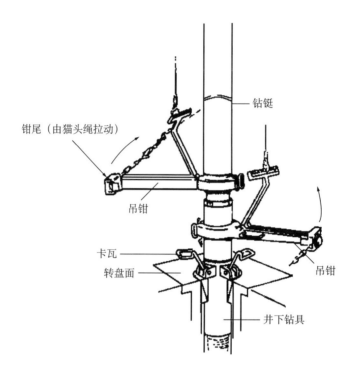

图 3-43　吊钳工作原理示意图

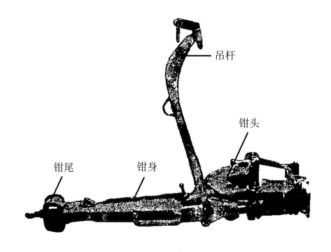

图 3-44　B 型钻杆吊钳

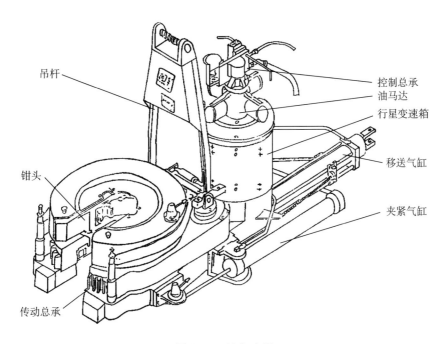

图 3-45 液气大钳

3.8.2.3 定向专用仪器

（1）磁性单点照相测斜仪。可测量井斜角、井斜方位角、工具面角，所测数据记录在一张照相底片上，一次下井只能照一张照片，取一组数据。

（2）磁性多点照相测斜仪。测量原理结构与磁性单点测斜仪相同，不同的是它能在定时器的控制下，每隔一定时间拍一张照片，因此可在预定的井段内多次拍照，取得不同井深下的多组井斜和井斜方位数据。

（3）电子多点测斜仪。采用三轴磁力仪和三轴或双轴重力加速计测量井眼方位角和井斜角，是一种先进的磁性测量仪器，可连续测量 1000 个测点。

（4）陀螺单点照相测斜仪。适于在磁干扰的环境中测量，在有磁干扰的井段代替磁性单点照相测斜仪，一次下井只能照一张照片，取一组数据。

（5）陀螺多点照相测斜仪。适于在磁干扰环境中测量，是一次下井在预定的时间内取得不同井深的井斜和方位数据的陀螺照相测斜仪器，测量原理同陀螺单点照相测斜仪。

（6）地面自动记录陀螺测斜仪。一种联机测量的陀螺测斜仪，具有省去人工修正陀螺漂移工序、连续测量、地面自动记录等特点。

（7）有线随钻测斜仪。一种适用于井下动力钻具钻井的随钻测斜仪器，测量信息通过电缆传至地面处理机，可随钻测量井斜角、方位角、工具面角等参数，用于定向造斜和扭方位。

（8）无线随钻测量系统（MWD）。一种在钻进过程中实时监视井下多项参数的测量装置，信息传送采用无线传输，不仅测量井眼方位参数，还可测量钻进参数及地层参数。

3.8.3 固井作业主要设备

3.8.3.1 固井作业设备配备

这里给出某油田不同层次套管固井作业所要求的固井设备配备标准，见表 3-33 至表 3-36。表中的 A 代表 SNC-H300 水泥车，B 代表 AC-400C 水泥车，C 代表 SNC35-16 Ⅱ 水泥车，D 代表 CPT986 水泥车，E 代表哈里伯顿水泥车，灰罐车按 14t 装配。

表 3-33 某油田表层套管固井作业设备配备标准

序号	设备	单位	井深 H ≤ 100m			100m ＜ 井深 H ≤ 250m			井深 H ＞ 250m		
			A、B	C	D、E	A、B	C	D、E	A、B	C	D、E
1	水泥车	台	2	1	1	3	2	2	4	2	2
2	灰罐车	台	4	4	4	6	6	6	8	8	8
3	管汇车	台									
4	仪表车	台									
5	锅炉车	台	1	1	1	1	1	1	1	1	1
6	工具车	台	1	1	1	1	1	1	1	1	1
7	指挥车	台	1	1	1	1	1	1	1	1	1
8	现场调度车	台	1	1	1	1	1	1	1	1	1
9	餐车	台	1	1	1	1	1	1	1	1	1

表 3-34 某油田技术套管固井作业设备配备标准

序号	设备	单位	井深 H ≤ 1500m			1500m ＜ 井深 H ≤ 2500m			井深 H ＞ 2500m		
			A、B	C	D、E	A、B	C	D、E	A、B	C	D、E
1	水泥车	台	6	4	3	6	4	3	6~10	6	4
2	灰罐车	台	8	8	8	10	10	10	14	14	14
3	管汇车	台	1	1	1	1	1	1	1	1	1
4	仪表车	台	1	1	1	1	1	1	1	1	1
5	锅炉车	台	1	1	1	1	1	1	2	1	1
6	工具车	台	1	1	1	1	1	1	1	1	1
7	指挥车	台	1	1	1	1	1	1	1	1	1
8	现场调度车	台	1	1	1	1	1	1	1	1	1
9	餐车	台	1	1	1	1	1	1	1	1	1

表 3-35　某油田生产套管固井作业设备配备标准（井深 $H \leqslant 1700\text{m}$）

序号	设备	单位	注灰量 $Q \leqslant 35\text{t}$			$35\text{t} <$ 注灰量 $Q \leqslant 60\text{t}$			注灰量 $Q > 60\text{t}$		
			A、B	C	D、E	A、B	C	D、E	A、B	C	D、E
1	水泥车	台	4	3	2	5	3	2	6~8	4	3
2	灰罐车	台	3	3	3	5	5	5	6~10	6~10	6~10
3	管汇车	台	1	1	1	1	1	1	1	1	1
4	仪表车	台	1	1	1	1	1	1	1	1	1
5	锅炉车	台	1	1	1	2	1	1	2	1	1
6	工具车	台	1	1	1	1	1	1	1	1	1
7	指挥车	台	1	1	1	1	1	1	1	1	1
8	现场调度车	台	1	1	1	1	1	1	1	1	1
9	餐车	台	1	1	1	1	1	1	1	1	1

表 3-36　某油田生产套管固井作业设备配备标准（井深 $H > 1700\text{m}$）

序号	设备	单位	注灰量 $Q \leqslant 40\text{t}$			$40 <$ 注灰量 $Q \leqslant 80\text{t}$			注灰量 $Q > 80\text{t}$		
			A、B	C	D、E	A、B	C	D、E	A、B	C	D、E
1	水泥车	台	5	3	2	6~8	4	3	6~10	5	4
2	灰罐车	台	4	4	4	7	7	7	10	10	10
3	管汇车	台	1	1	1	1	1	1	1	1	1
4	仪表车	台	1	1	1	1	1	1	1	1	1
5	锅炉车	台	1	1	1	2	1	1	2	1	1
6	工具车	台	1	1	1	1	1	1	1	1	1
7	指挥车	台	1	1	1	1	1	1	1	1	1
8	现场调度车	台	1	1	1	1	1	1	1	1	1
9	餐车	台	1	1	1	1	1	1	1	1	1

3.8.3.2　固井设备规格型号

固井专用设备主要有水泥车、灰罐车、背罐车、气灰分离器、仪表车、供水车（供液车）、管汇车、工具车、指挥车、水泥罐（下灰罐）、水泥干混装置等。表 3-37 为固井主要设备名称及常用规格型号。

表 3-37 固井作业设备规格型号

序号	设备名称	规格型号
1	水泥车	SNC-H300、AC-400C、AC-400B、SNC35-16、SNC40-17、SNC50-30、SNC-400、CPT986、CTT-441、GJC70-25、GJC40-17、35-16/T815、ACF-700B/T815、400-ACM、CPT-Y4、SDF5210TJC40/T815
2	灰罐车	HC-15/2626、LQH-13/T815、QHC15/T815、LQZ5320GSN、ZYT5250GYS、BENZ2632AK、SX1241、HC-14/BENZ-2629、YCZ-15、ZZ5322GXHW、NC5240GXH、ND1260SA、ZXC52100GSN
3	背罐车	BENZ-2629、BGC2500Y/T815、SSJS140ZBG、JN362、GF16、NC5151ZBG/EQ140、ES5200GBG8
4	仪表车	金杯6480、JX64710C、WH5050XGCF、SQC5060TSJ40、XL-1、BJ2033AU、HLJ504TDG
5	供水车	GRBC-3、GS-200、EQ140-1091、EQ1092、JHX5081TJC
6	管汇车	GG-350/EQ141、JHX5100TG/35、EQ140、JHX5100JGH35、EQ1090FJ、TJ-1043A
7	工具车	QHJ5100-JSQ3、SMJ5090JSQ-30LW、EQ1141GI、QJ-3、HZC5100JSQ/EQ140、MH5040XJC、BJ2032S
8	指挥车	猎豹CFA6470G、BJ-2021E、NKR55LLCWA、CQK-2020、CA141
9	水泥罐	JIN-30T、30t/22m³、27t

3.8.3.3 固井作业主要设备

3.8.3.3.1 水泥车

水泥车是固井作业时用于将干水泥和水混合成所需密度的水泥浆，并向井下注入水泥浆的油田专用特种车辆，是固井作业的主力设备，由运载底盘、动力系统、传动系统、固井泵系统、水泥浆混合系统和控制系统等主要部件组成，如图3-46所示。有时也用来进行挤水泥、套管试压、顶岩心等特殊作业。

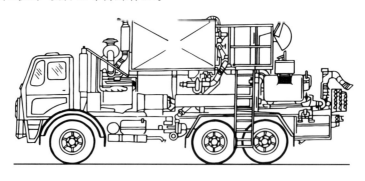

图 3-46 水泥车示意图

3.8.3.3.2 灰罐车

灰罐车是用于运输油气井固井用散装水泥的专用车辆。灰罐车装有空气压风机，它既可以和水泥车配合完成水泥混拌过程，直接用于固井，也可以作为散装水泥运输车，将水泥由灰库运往井场大立罐。常见的有车装立式罐、半拖挂车装立式罐和卧式罐，如图 3-47 所示。

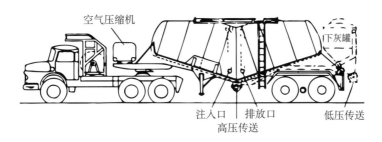

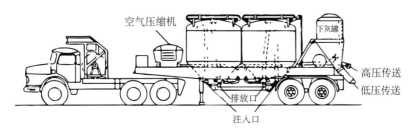

图 3-47 灰罐车示意图

3.8.3.3.3 背罐车

背罐车是用于自装、自卸和移运固井作业用固井下灰罐的专用车，如图 3-48 所示。

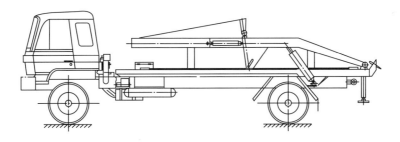

图 3-48 背罐车示意图

3.8.3.3.4 仪表车

仪表车是用于显示和记录固井作业流程参数的专用车辆。仪器主机设置了流量测量系统、压力测量系统、密度测量系统、报量显示系统、通信扩音系统、电源及其稳压系统、记录系统等。

3.8.3.3.5 供水车

供水车（供液车）是注水泥施工中用来供给其他设备固井液的工程车。要求该车具有大排量、工作可靠、越野性好、轻便和便于操作的特点，具备配制和泵送隔离液、固井液的双重功能。

3.8.3.3.6　管汇车

管汇车是指将所有水泥车、供液车和井口水泥头串成一体的固井工程车，通过管汇车形成固井作业地面流程，起着管汇枢纽作用。

3.8.3.3.7　工具车

工具车是拉运固井工具的工程车。常用随车吊，可以减轻工人收送器材、工具、附件的劳动强度，提高机械化作业程度，减少工具、附件损坏。

3.8.3.3.8　指挥车

指挥车主要用于运送现场技术人员。

3.8.3.3.9　水泥罐

水泥罐用于现场及水泥库中水泥或重晶石粉储存和下灰，又称下灰罐，如图3-49所示。可以完成装料和卸料作业，最大限度地减少固井作业中散装水泥罐及重晶石粉罐的数量，以适应固井作业场地狭窄的工况要求。

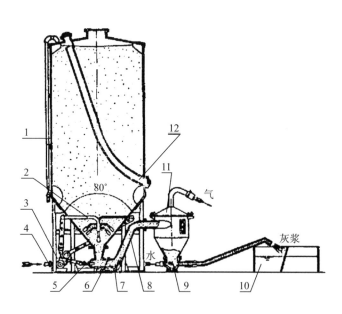

图 3-49　下灰罐示意图

1—气化放空管；2—气化总管；3—空气分离器；4—空气进气口；5—吹灰嘴；6—蝶阀；
7—管道吹灰嘴；8—下灰管；9—混合器；10—方池；11—漩流混浆漏斗；12—进灰管

3.8.4 固井作业专用工具

固井专用工具包括套管卡盘、套管动力钳、水泥头、内插工具、尾管送入器等。

3.8.4.1 套管卡盘

套管卡盘是下套管时在转盘上用以卡住套管本体的工具,如图3-50所示。中间有锥形孔,孔内可放入卡瓦,卡瓦的卡牙紧紧卡住套管本体,由套管本体承受套管紧扣的反扭矩。同一个卡盘可适用多种尺寸的套管,套管卡盘分手动和气动两种。

3.8.4.2 套管动力钳

套管动力钳是用于下套管作业中套管上卸扣的专用工具,如图3-51所示。配有扭矩监控系统,可记录并保存每次上扣的最终扭矩、圈数值、扭矩/圈数、扭矩/时间、曲线以及日期、时间、井队号、单根及总长等各种数据。可按设备的扭矩、圈数值,自动控制上扣扭矩圈数值,确保每根连接的接头处于最佳状态。

图3-50 套管卡盘

图3-51 套管动力钳

3.8.4.3 水泥头

水泥头是用于存放胶塞、连接套管柱与固井管汇的接头,如图3-52所示。

(1)水泥头作用。

水泥头是联顶节和固井管汇之间的完成固井作业的井口工具,是固井作业地面管汇井口总枢纽,适用于各种工艺固井。水泥头的作用是承受高压,连接套管串和各种管汇,完成循环、注隔离液、注水泥浆、释放胶塞、替浆等施工工序;如果回压阀失灵,可实现憋压,控制水泥浆倒流;通过水泥头实现活动套管操作。

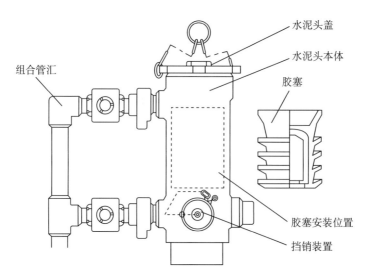

图 3-52 单塞水泥头结构示意图

（2）水泥头分类。

按连接螺纹分为钻杆水泥头、套管螺纹水泥头和快装水泥头；按形状结构分为简易水泥头、普通水泥头、带平衡管水泥头等；按装胶塞的作用和个数分为单塞水泥头和双塞水泥头，使用最广泛的是单塞水泥头。

（3）常用水泥头规格。

单级固井水泥头：140mm、178mm、245mm、273mm、340mm、508mm。

双级固井水泥头：127mm、140mm、178mm、245mm、273mm、340mm。

3.8.5 测井作业主要设备

3.8.5.1 常用测井设备及测井项目

测井作业需要由高性能的测井设备来完成，不同的测井设备其测井项目有所不同。表 3-38 给出了常用测井设备所对应的测井方法、测井项目及用途。

表 3-38 常用测井设备及测井项目

测井方法	测井项目		测井设备					
	名　称	用途	国产数控	SDZ-3000(5000)	EILOG、LEAP800	3700、CSU	Eclips-5700	Excell-2000
电法测井	0.5m 电位	划分地层岩性和钻井液侵入特性；判断油气水层；确定含油饱和度、岩层界面	✓	✓	✓			
	1m 底梯度	确定地层界面；划分地层岩性	✓	✓	✓			
	2.5m 底梯度		✓	✓	✓			
	4m 底梯度		✓	✓	✓			

续表

测井方法	测井项目		测井设备					
	名　称	用　途	国产数控	SDZ–3000（5000）	EILOG、LEAP800	3700、CSU	Eclips–5700	Excell–2000
电法测井	自然电位	识别岩性；划分地层界面	✓	✓	✓			
	微电极	确定地层冲洗带的电阻率；判断岩性以及划分地层界面	✓	✓	✓			
	双侧向/微球形聚焦	盐水钻井液测井，判断钻井液侵入性质和特征，判断油气水层，计算含油饱和度	✓	✓	✓	✓	✓	✓
	双侧向/微侧向		✓	✓	✓	✓	✓	✓
	双感应/八侧向		✓	✓	✓	✓	✓	✓
	双感应/球形聚焦	淡水钻井液测井，判断钻井液侵入性质和特征，判断油气水层，计算含油饱和度	✓	✓	✓	✓	✓	
	双向量感应	精细划分薄层和钻井液侵入特性；确定地层及油气水层顶底界，用图像展示					✓	
	高分辨率感应	鉴别地层裂缝、薄油层的有效厚度					✓	
	阵列感应	盐水钻井液测井，判断钻井液侵入性质和特征，判断油气水层，计算含油饱和度，地层电阻率成像			✓		✓	✓
	薄层电阻率	划分薄储层，计算含油饱和度					✓	
	微电阻率扫描	井壁电阻率成像，裂缝、孔洞识别等			✓		✓	✓
	电阻率成像	对比地层，确定地质构造，鉴别断层，识别裂缝，确定地层产状及与地层接触关系			✓		✓	✓
声波测井	补偿声波	确定地层孔隙度、渗透率，评价裂缝，识别地层岩性及沉积特征	✓	✓	✓	✓	✓	
	变密度	判断气层，确定岩石的机械特性，刻度地面地震数据	✓	✓	✓	✓	✓	
	长源距声波	估算储层孔隙度；确定岩性；判断气层；识别裂缝；确定岩石机械特性，计算地层弹性模量				✓	✓	
	单极阵列声波	测量地层纵波、横波声速，确定地层机械力学参数					✓	
	多极阵列声波	测量地层纵波、横波声速，确定地层机械力学参数、各向异性		✓	✓		✓	
	交叉偶极阵列声波	测量裸眼井眼周围裂缝，检测套管损伤						✓
	井周成像	测量地层纵波、横波声速，估算储层孔隙度，判断孔隙类型					✓	✓

续表

测井方法	测井项目		测井设备					
	名　称	用　途	国产数控	SDZ–3000（5000）	EILOG、LEAP800	3700、CSU	Eclips–5700	Excell–2000
声波测井	全波列声波	估算储层孔隙度；确定岩性；判断气层；识别裂缝；确定岩石机械特性，计算地层弹性模量						✓
核测井	自然伽马	划分岩性，确定地层孔隙度，划分地层沉积相和油气水层界面	✓	✓	✓	✓	✓	✓
	补偿中子	确定地层孔隙度，识别岩性	✓	✓	✓	✓	✓	✓
	补偿密度	确定地层密度，求取储层孔隙度，识别岩性	✓	✓	✓	✓	✓	✓
	自然伽马能谱	识别岩性和地层对比，研究黏土岩，求取泥质含量	✓	✓	✓	✓	✓	✓
	补偿超热中子	确定地层孔隙度，识别岩性						✓
	能谱密度	确定地层密度，求取储层孔隙度，识别岩性						✓
	岩性密度			✓	✓	✓	✓	
	核磁共振	确定残余油饱和度、有效孔隙度、渗透率，在复杂岩性储层分析孔隙结构，寻找气层，区分油气界面			✓		✓	✓
地层倾角测井	四臂地层倾角	确定地层倾角和倾斜方位角，分析地质构造、裂缝、地应力等		✓	✓	✓	✓	✓
	六臂地层倾角			✓	✓	✓	✓	✓
井壁取心	钻进式井壁取心	取得地层岩心				✓		✓
	射入式井壁取心		✓					
电缆地层测试	重复式地层测试	采集地层流体样品，测试地层压力				✓	✓	✓
	模块式地层测试	采集地层流体样品，测试地层压力，流体识别					✓	✓
工程测井	井径	校正环境，检查井身质量，计算水泥量	✓	✓	✓	✓	✓	✓
	井斜	检查井身质量，校正地层真厚度	✓		✓	✓	✓	✓
	井温	测地温梯度，检查固井质量、酸化压裂质量	✓	✓		✓	✓	✓
	磁定位	确定套管接箍位置，用于射孔定位	✓	✓	✓	✓	✓	✓
	声幅	检查固井质量	✓	✓	✓			
	变密度	评价水泥胶结质量	✓	✓	✓			✓
	分区水泥胶结				✓		✓	

3.8.5.2 测井设备组成

测井设备主要由测井车、地面仪器、井下仪器组成。不同类型测井设备仪器配备差别较大，同类型测井设备仪器有时也有些差别。

3.8.5.2.1 5700 成像测井设备仪器

Eclips–5700 成像测井设备仪器见表 3–39。

表 3–39　Eclips–5700 成像测井设备仪器

类别	序号	名　称	规格型号	单位	数量
车辆	1	地面系统	Eclips	套	1
	2	仪器车	Peter–B3882	台	1
	3	测井工作车	ET5080TJC	台	1
	4	放射性源车	EQ–141	台	1
地面仪器	1	数控测井地面记录仪		套	1
	2	地面附属设备		套	1
	3	刻度设备		套	1
	4	井下仪辅助设备		套	1
井下仪器	1	微球形聚焦测井仪	MSFL–B	支	1
	2	双侧向测井仪	DLL–S	支	1
	3	自然伽马测井仪	NGRT–A	支	1
	4	补偿密度测井仪	Z–D	支	1
	5	补偿中子测井仪	C–N	支	1
	6	数字声波测井仪	DAL	支	1
	7	阵列感应测井仪	HDIL	支	1
	8	井斜方位测井仪	4401	支	1
	9	多极子阵列声波测井仪	XMAC	支	1
	10	自然伽马能谱测井仪	1329	支	1
	11	声成像测井仪	CIBL	支	1
	12	电成像测井仪	STAR–11	支	1
	13	电缆地层测试器	FMT	支	1
	14	地层倾角测井仪	1016	支	2
	15	井径仪		支	1
	16	井温仪		支	1
	17	流体仪		支	1
	18	声波变密度测井仪		支	1
	19	放射性中子源		支	1

表 3-41　3700 数控测井设备仪器

类别	序号	名　称	规格型号	单位	数量
车辆	1	仪器车		台	1
	2	测井工作车		台	1
地面仪器	1	计算机（PERKIN-ELMER 公司）	8/16E 小型	台	1
	2	磁带机	3753 型	台	2
	3	磁盘机	3780/3796	台	2
	4	绘图仪	3759/3760	台	2
	5	CRT 显示器	3762	台	1
	6	电传打字机	3756/3787	台	1
	7	电缆滚筒、绞车和绞车操作台		套	1
	8	深度编码器		套	1
井下仪器	1	2.5m 梯度测井仪		支	2
	2	0.4m 电位测井仪		支	2
	3	自然电位测井仪		支	2
	4	双感应/八侧向测井仪		支	2
	5	双侧向测井仪		支	2
	6	微侧向测井仪		支	2
	7	微球形聚焦测井仪		支	2
	8	电缆遥测短节		支	2
	9	自然伽马测井仪		支	2
	10	补偿中子测井仪		支	2
	11	补偿密度测井仪		支	2
	12	岩性密度测井仪		支	2
	13	自然伽马能谱测井仪		支	1
	14	补偿声波测井仪		支	2
	15	环形声波测井仪		支	2
	16	长源距声波测井仪		支	1
	17	介电测井仪		支	1
	18	地层倾角测井仪		支	1
	19	地层测试器（FMT）		支	1
	20	三臂井径仪		支	2
	21	XY 井径仪		支	2
	22	磁性定位测井仪		支	2
	23	水泥胶结（CBL）测井仪		支	2

3.8.5.2.4 CSU 数控测井设备仪器

CSU 数控测井设备仪器见表 3-42。

表 3-42 CSU 数控测井设备仪器

类别	序号	名 称	规格型号	单位	数量
车辆	1	地面系统	CSU-D	套	1
	2	仪器车	International-362	台	1
	3	测井工作车	ET5080TJC	台	1
	4	放射性源车	EQ-141	台	1
地面仪器	1	CSU-D 地面仪		套	1
	2	RFT 地面面板		套	1
	3	地面附属设备		套	1
	4	刻度设备		套	1
	5	测井放射性源		支	1
	6	井下仪辅助设备		支	1
井下仪器	1	数传短接	TCC-A	支	1
	2	自然伽马仪	SGT-E、SGT-L	支	1
	3	双侧向测井仪	DLT-C	支	1
	4	微球形聚焦测井仪	SRT-C	支	1
	5	补偿密度测井仪		支	1
	6	补偿中子测井仪	NGT-G	支	1
	7	补偿声波测井仪	SLT-N	支	1
	8	双感应测井仪	DIT-D	支	1
	9	四臂井径测井仪		支	1
	10	长源距声波测井仪		支	1
	11	高分辨率声波测井仪		支	2
	12	重复式地层测试器	RFT	支	1
	13	自然伽马能谱测井仪	NGT-D	支	1
	14	声波密度测井仪		支	1
	15	放射性中子源		支	1
	16	连续测斜仪		支	1
	17	单点测斜仪		支	1

3.8.5.2.5 国产数控测井设备仪器

国产数控测井设备仪器见表 3-43。

表3-43 国产数控测井设备仪器

类别	序号	名　称	规格型号	单位	数量
车辆	1	地面仪器		套	1
	2	仪器车		台	1
	3	测井工作车		台	1
井下仪器	1	2.5m 梯度测井仪		支	2
	2	0.4m 电位测井仪		支	2
	3	自然电位测井仪		支	2
	4	双感应／八侧向测井仪		支	2
	5	双侧向测井仪		支	2
	6	微电极测井仪		支	2
	7	微球形聚焦测井仪		支	2
	8	中子伽马测井仪		支	2
	9	自然伽马测井仪		支	2
	10	补偿中子测井仪		支	2
	11	补偿密度测井仪		支	2
	12	补偿声波测井仪		支	2
	13	声幅测井仪		支	2
	14	连续井斜仪		支	2
	15	井壁取心器		支	2
	16	三臂井径仪		支	2
	17	磁性定位测井仪		支	2
	18	水泥胶结（CBL）测井仪		支	2

3.8.6 录井作业主要设备

录井作业主要设备有综合录井仪、气测录井仪、地化录井仪。

表3-44列出了主要设备名称及常用规格型号。

表3-44 常用录井设备规格型号

序号	设备名称	规格型号
1	综合录井仪	国产：SDL-9000、GL2000、CPS-2000ex、SK-2000C、SL-Ⅱ、SLZ-2A、SDQ-941、ZZL-2、ZLJ-960、SRP-2000 进口：ADVANTAGE、DLS、GZL-410、ALS-Ⅱ、ALS-NT、TDC、DATALOG、GEO6000
2	气测录井仪	国产：SQC-882、SK-101、QL-1、LH2000、SK-2000Q、SK-3QO1、DML、XG-QY2 进口：GC8A
3	地化录井仪	国产：DH-910、DH-920、YY-980、YQ-Ⅳ、YQ-Ⅵ、OG-2000V、YQZF-Ⅱ、SK-3D01 进口：ALS-Ⅲ、ALS-V、ALS-Ⅵ

3.9 钻进工程主要材料

3.9.1 钻井作业主要材料

3.9.1.1 钻头

钻头是破碎岩石形成井眼的主要工具，分钻进钻头和取心钻头两大类，如图 3-53 和图 3-54 所示。

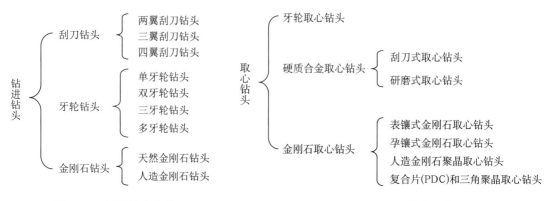

图 3-53 钻进钻头分类   图 3-54 取心钻头分类

3.9.1.1.1 钻进钻头

3.9.1.1.1.1 刮刀钻头

刮刀钻头是旋转钻井方法中最早使用的钻头，属切削型钻头。其破岩机理主要以切削、剪切和刮挤方式破岩，如图 3-55 所示。刮刀钻头按刀片数量分为两翼刮刀钻头、三翼刮刀钻头、四翼刮刀钻头和多翼刮刀钻头，如图 3-56 所示，其中最常用的是三翼刮刀钻头。

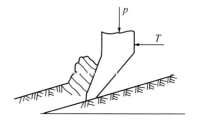

图 3-55 刮刀钻头破岩机理

（a）   （b）   （c）

图 3-56 刮刀钻头类型

（a）两翼刮刀钻头；（b）三翼刮刀钻头；（c）四翼刮刀钻头

3.9.1.1.1.2 牙轮钻头

牙轮钻头是应用范围最广的钻头。旋转钻进时，牙轮钻头具有冲击、压碎和剪切岩石的作用，具有牙齿与井底的接触面积小、比压高、工作扭矩小、工作刃总长度大等特点，只要改变齿高、齿距、齿宽、移轴距、牙轮布置等不同的钻头设计参数，就可以适应不同的地层需要。按牙轮数目分为单牙轮钻头、双牙轮钻头、三牙轮钻头和多牙轮钻头，普遍使用的是三牙轮钻头，如图 3-57 所示。

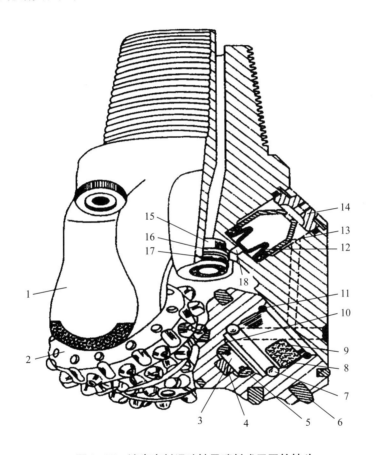

图 3-57 镶齿密封滑动轴承喷射式三牙轮钻头

1—牙爪；2—牙轮；3—牙轮轴；4—止推块；5—衬套；6—镶齿；7—滚珠；8—银锰保金；
9—耐磨合金；10—第二密封；11—密封圈；12—压力补偿膜；13—护膜杯；14—压盖；
15—喷嘴；16—喷嘴密封圈；17—喷嘴卡簧；18—传压孔

3.9.1.1.1.3 金刚石钻头

金刚石钻头是将金刚石颗粒镶装在钻头切削刃上的钻头。金刚石钻头有以下几种分类，如图 3-58 所示。

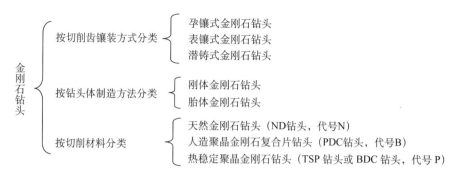

图 3-58　金刚石钻头分类

3.9.1.1.2　取心钻头

3.9.1.1.2.1　牙轮取心钻头

牙轮取心钻头在结构、材质及制造方面都比较复杂，其强度低、成本高、寿命较短，目前很少使用。牙轮取心钻头适用于均质的中硬至硬地层。

3.9.1.1.2.2　硬质合金取心钻头

硬质合金取心钻头包括刮刀取心钻头和研磨式取心钻头。刮刀取心钻头由硬质合金块、刮刀片、钻头上体和下体等组成，该类钻头分为有水眼和无水眼两种，如图 3-59 和图 3-60 所示。研磨式取心钻头由硬质合金柱、钻头冠、钻头体组成。该类钻头的冠部和保径部位均钻孔镶焊六棱或八棱柱状硬质合金，有较好的耐磨性，适用于在中硬至硬地层取心，如图 3-61 所示。

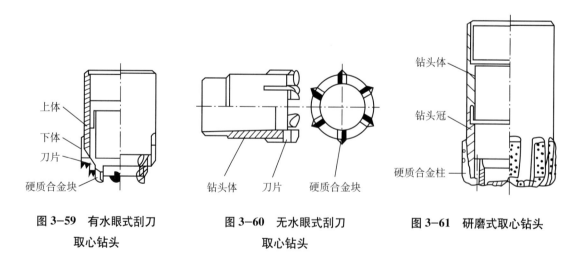

图 3-59　有水眼式刮刀取心钻头　　图 3-60　无水眼式刮刀取心钻头　　图 3-61　研磨式取心钻头

3.9.1.1.2.3　金刚石取心钻头

常用的有孕镶式金刚石取心钻头（图 3-62）、表镶式金刚石取心钻头（图 3-63）、复合片（PDC）取心钻头（图3-64）、人造金刚石聚晶取心钻头和三角聚晶取心钻头等。金刚石取心钻头造价高，但连续工作时间比硬质合金取心钻头长，总进尺多，在深井段均质的中硬和硬地层中取心，综合经济效益高。

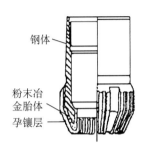

图3-62　孕镶式金刚石
取心钻头

图3-63　表镶式金刚石
取心钻头

图3-64　复合片
取心钻头

3.9.1.1.3　钻头应用实例

钻头的规格型号很多，达数百种。不同的油气田、不同的地层条件及选用不同的钻头生产厂家，使每一口井实际使用的钻头型号、数量会有很大的差异。表3-45为某油田一口开发井实际使用钻头情况。

表3-45　某油田一口开发井钻头应用实例

序号	钻头尺寸（mm）	型号	钻进井段（m）	进尺（m）
1	660.0	PC1-1	0～60	60
2	444.5	MP1-1	60～386	326
3	444.5	MP1-1	386～802	416
4	444.5	SHT22R	802～871	69
5	311.1	HJ437G	871～1152	281
6	311.1	HJ437G	1152～1283	131
7	311.1	HJ517	1283～1438	155
8	311.1	HJ517	1438～1492	54
9	311.1	JEG535	1492～2620	1128
10	311.1	HC-605-S	2620～3615	995
11	311.1	HC-605-S	3615～3750	135
12	215.9	HP3	3750～3801	51
13	215.9	HJ517G	3801～3870	69
14	215.9	FJT-517G	3870～3938	68
15	215.9	FJT-517G	3938～3983	45

续表

序号	钻头尺寸（mm）	型号	钻进井段（m）	进尺（m）
16	215.9	FJT–517G	3983～4023	40
17	215.9	HJT517GL	4023～4150	127
18	215.9	HJT517GL	4150～4205	55
19	215.9	HJT517GL	4205～4266	61
20	215.9	HJT517GL	4266～4318	52
21	215.9	HJT517GL	4318～4350	32
22	149.2	HA517G	4309～4350	钻塞
23	149.2	HA517G	4350～4408	58
24	149.2	HA517G	4408～4424	16
25	149.2	HA517G	4424～4474	50

3.9.1.2 钻井液材料

在钻井过程中，钻井液以其多种功能满足钻井工程安全作业和油气层保护的需要，为此应检测和调整钻井液密度、漏斗黏度、流变性（塑性黏度、动切力、静切力等）、API滤失量、高温高压滤失量、含砂量、pH值、滤饼、含砂量、固相含量、膨润土含量、润滑性、电稳定性等性能。钻井液性能的维护和调整需加入不同的钻井液材料和处理剂来完成。

钻井液所用材料主要是原材料及处理剂。原材料是钻井液的基本组分，而且用量较大，如膨润土、有机土等；处理剂是为改善和稳定钻井液性能而加入的化学添加剂，目前处理剂已有数百个品种。钻井液材料与钻井液体系密切相关。

3.9.1.2.1 钻井液体系

美国石油学会（API）和国际钻井承包商协会（IADC）把钻井液分为9种体系，国内分为8种体系，见表3–46。

表3–46　国内外钻井液体系分类

序号	API、IADC认可的钻井液体系	国内认可的钻井液体系	说　明
1	不分散钻井液	不分散钻井液	膨润土（钠土或钙土）和清水配制，基本不加处理剂或加极少量处理剂，主要用于浅层钻进
2	分散型钻井液	分散钻井液	由膨润土、水、各类分散剂配制成水基钻井液，主要用于深井或较复杂地层钻进
3	钙处理钻井液	钙处理钻井液	一种含有游离钙而且有抑制性的水基钻井液，由石灰、石膏、氯化钙提供钙，抑制黏土膨胀，控制页岩坍塌和井径扩大
4	聚合物钻井液	聚合物钻井液	含有絮凝包被作用的聚合物，是一种增黏、降滤失、稳定地层的水基钻井液

续表

序号	API、IADC 认可的钻井液体系	国内 认可的钻井液体系	说　明
5	低固相钻井液		一种低密度固相总含量在 6%～10%（体积比）的水基钻井液，其中膨润土含量控制在 3% 或更低
6	饱和盐水钻井液	盐水钻井液	氯离子达到饱和（189000mg/L）为饱和盐水；氯离子含量 6000～189000mg/L 为盐水钻井液；氯离子含量更低为含盐或海水钻井液
7	修井完井液	完井液	为减少油气层损害而设计的特种钻井液，抑制黏土膨胀、微粒运移，用于钻进油气层、酸化、压裂及修井作业等
8	油基钻井液	油基钻井液	油包水乳化钻井液和油基钻井液
9	空气、雾、泡沫和气体	气基钻井液	用于空气钻井、雾钻井、稳定泡沫钻井、气化流体钻井

3.9.1.2.2　钻井液原材料

配制水基钻井液的主要原材料是膨润土，配制油基钻井液的主要原材料是有机土，配制盐水钻井液、饱和盐水钻井液的主要原材料是膨润土和抗盐土。

（1）膨润土的用途：水基钻井液基础材料；降低滤失量；提高黏度和切力；用作堵漏材料。

（2）抗盐土的用途：盐水钻井液或饱和盐水钻井液基础材料；用作盐水钻井液和饱和盐水钻井液的增黏、增切，提高携屑能力；海泡石能抗高温，可用于地热井（260℃以上）和超深井；海泡石酸溶率高（大于 60%），可用作酸溶性暂堵剂。

（3）有机土的用途：配制油基钻井液基础材料；配制油包水钻井液基础材料。

3.9.1.2.3　钻井液处理剂

表 3-47 为石油天然气行业标准 SY/T 5596—2009《钻井液用处理剂命名规范》中对钻井液用处理剂的功能分类，表 3-48 为钻井液用处理剂主要原材料的分类。

表 3-47　钻井液用处理剂功能分类

序号	名　称	说　明
1	降滤失剂	用来降低钻井液滤失量的处理剂，如磺甲基酚醛树脂、顶胶化淀粉等
2	防塌封堵剂	在钻井过程中用于封堵微裂缝的处理剂，包括水分散性、油溶性沥青类处理剂及石蜡类处理剂
3	页岩抑制剂	用来降低泥页岩的水化作用而具有页岩抑制性的处理剂，包括无机盐、有机盐和一些低相对分子质量的阳离子有机物等
4	包被絮凝剂	用来包被或絮凝钻井液有害固相的处理剂，如高相对分子质量的聚丙烯酰胺及其衍生物等
5	增黏剂	用来提高钻井液黏度的处理剂，如配浆土类、黄原胶、高黏 CMC 等
6	降黏剂	用来降低钻井液黏度的处理剂，如铁铬盐、磺化栲胶、单宁、部分低相对分子质量乙烯基单元聚合物等

钻井工程工艺（第二版）

续表

序号	名 称	说　明
7	润滑剂	用来降低钻井液摩阻、增强润滑性的处理剂，包括液体及固体润滑剂
8	解卡剂	主要用于解决井下发生的黏附卡钻等工程事故的处理剂，如渗透剂等
9	防泥包剂	也称钻井液用清洁剂，用于防止钻具泥包的处理剂，如RH—4等
10	消泡剂	用来消除或削减钻井液中泡沫的处理剂，如醇类、有机硅油、脂肪酸衍生物等
11	乳化剂	用来使两种互不相溶的液体成为具有一定稳定性乳状液的处理剂，如ABSN、SP—80、Tween80等
12	发泡剂	具有较高的表面活性，能够降低钻井液的表面张力，并能包裹气体而形成泡沫的表面活性剂，如OP—20、ABS—Na、K—12等
13	堵漏剂	用来封堵漏失层、阻止钻井液向地层漏失的处理剂，包括粒状、片状、纤维状材料及可溶胀、交联的聚合物等
14	加重剂	用来提高钻井液密度的处理剂，如重晶石粉、铁矿粉、无机盐、有机盐等
15	杀菌剂	用来防止淀粉、生物聚合物等多糖类聚合物及其衍生物被细菌降解的处理剂
16	缓蚀剂	用来延缓钻具和套管等腐蚀的处理剂，如胺基产品等
17	润湿反转剂	用来改变固—液表面润湿性的处理剂
18	特殊功能处理剂	包括盐重结晶抑制剂、防水锁剂、高温稳定剂、水合抑制剂、固化剂、减轻剂、除硫剂、荧光消除剂及一些新型处理剂等

表3—48　钻井液用处理剂主要原材料分类

序号	材料类别	材料名称
1	配浆土类	有机土、钠基土、钙基土、改性土、抗盐土、增效土、凹凸棒石、海泡石等
2	腐殖酸类	腐殖酸钠、硝化腐殖酸钠、磺化腐殖酸钠、硝化腐殖酸钾、磺化腐殖酸钾、硝化磺化腐殖酸钾、腐殖酸铁钾、腐殖酸铁、聚合腐殖酸、褐煤、磺甲基褐煤、铬褐煤、腐殖酸酰胺等
3	沥青类	沥青、氧化沥青、磺化沥青、磺化妥尔油沥青、乳化沥青等
4	丙烯酰胺类	部分水解聚丙烯酰胺钙盐、部分水解聚丙烯酰胺铵盐、部分水解聚丙烯酰胺钠盐、部分水解聚丙烯酰胺钾盐、聚丙烯酸钠、磺化聚丙烯胺、聚丙烯酰胺等
5	丙烯腈类	水解聚丙烯腈钙盐、水解聚丙烯腈铵盐、水解聚丙烯腈钠盐、水解聚丙烯腈钾盐等
6	淀粉类	黄原胶、预胶化淀粉、糊化淀粉、羧甲基淀粉、羟乙基淀粉等
7	纤维素类	羧甲基纤维素钠盐（高黏型）、羧甲基纤维素钠盐（中黏型）、羧甲基纤维素钠盐（低黏型）、聚阴离子纤维素、羟乙基纤维素等
8	木质素类	磺化木质素、木质素磺酸钠、木质素磺酸钙、木质素磺酸铁、木质素磺酸铬、铁铬木质素磺酸盐等
9	酚、脲醛树脂类	磺甲基酚醛树脂、磺化木质素酚醛树脂共聚物、脲醛树脂等
10	动植物油类	妥尔油、磺化妥尔油、油酸、硬脂酸、油酸酰胺、硬脂酸酰胺、硬脂酸锌等
11	植物胶类	田菁粉、瓜尔胶、植物蛋白等

— 120 —

续表

序号	材料类别	材料名称
12	聚合物类	聚乙烯醇、聚乙二醇、聚醚等
13	有机硅类	烧基硅、腐殖酸硅等
14	有机盐类	甲酸钾、甲酸钠、甲酸铯、乙酸钠、三甲胺盐酸盐等
15	单宁类	单宁酸钠、磷甲基单宁、磺甲基栲胶等
16	碱类	氢氧化钠、氢氧化钾、碳酸钠、碳酸氢钠、氧化钙等
17	矿石粉	重晶石粉、活化重晶石粉、石灰石粉、磁铁矿粉、赤铁矿粉、黄铁矿粉、钛铁矿粉、菱铁矿粉等
18	矿物油类	原油、沥青、氧化沥青、磺化沥青、磺化妥尔油沥青、乳化沥青、柴油、白油、石蜡等
19	两性金属氢氧化合物类	正电胶、聚合铝等

3.9.1.2.4　钻井液材料应用实例

钻井液原材料及处理剂的规格型号很多，达数百种。不同的油气田，不同的地层条件及选用不同的钻井液材料生产厂家，使每一口井实际使用的钻井液材料型号、数量会有很大的差异。下面以某油田一口开发井实际使用钻井液材料为例进行说明，见表3-49。

表3-49　某油田一口开发井钻井液材料应用实例情况

钻进阶段				一开钻进	二开钻进	三开钻进
钻头尺寸（mm）				444.5	311.1	215.9
钻进井段（m）				0~923	923~2148	2148~3320
序号	材料名称	代号	单位	数量		
1	膨润土粉		kg	9000	28000	25000
2	重晶石	$BaSO_4$	kg	75	4200	117000
3	纯碱	Na_2CO_3	kg		873	5275
4	烧碱	NaOH	kg	525	823	3475
5	两性离子包被剂	FA-367	kg	2000	4200	2725
6	两性离子降黏剂	XY-27	kg	2600	3430	5930
7	两性离子降滤失剂	JT-888	kg	900	3725	5285
8	液体润滑剂	HY-203	kg	2000	3000	2000
9	盐	NaCl	kg		12000	
10	消泡剂	YHP-008	kg			1000

续表

钻进阶段			一开钻进	二开钻进	三开钻进
钻头尺寸（mm）			444.5	311.1	215.9
钻进井段（m）			0～923	923～2148	2148～3320
序号	材料名称	代号	单位	数量	
11	羧甲基纤维素钠盐	CMC	kg		1500
12	磺化酚醛树脂	SMP–Ⅱ	kg		500
13	油溶性暂堵剂	EP–1	kg		3000
14	暂堵剂	ZD–1	kg		4000
15	碱式碳酸锌	$2ZnCO_3 \cdot 3Zn(OH)_2$	kg		1200

3.9.1.3 用水

主要分为生产用水和生活用水两大类。生产用水主要包括配制钻井液用水、固井用水、施工机械用水、锅炉用水、消防用水等；生活用水主要包括钻井队生活用水和配合施工单位的生活用水。除了有足够的供水量外，还必须满足生产、生活对水质的要求。生产用水主要是配制钻井液用水和固井用水。

每一口井实际用水量都会有所不同，甚至差别较大。表3–50给出了某油田同一个区块同一种井身结构的10口开发井实际生产用水统计结果。

表3–50 某油田开发井生产用水统计

序号	实际井深（m）	一开钻进（m）	二开钻进（m）	三开钻进（m）	生产用水量（m³）	与平均值对比（m³）
1	3730	902	1564	1234	2738	102
2	3750	915	1641	1164	2992	356
3	3752	902	1490	1330	1259	−1377
4	3790	1300	1432	1021	4092	1456
5	3800	910	1702	1158	1838	−798
6	3820	910	2160	720	3661	1025
7	3855	910	1502	1408	1632	−1004
8	3868	910	1591	1337	2427	−209
9	3910	900	1526	1454	2377	−259
10	4175	854	1631	1660	3342	706
平均值					2636	

3.9.2 固井作业主要材料

3.9.2.1 套管

套管是用于油气井固井的石油专用钢管,由本体和接箍组成。套管本体采用无缝钢管、高频电阻焊管、直缝电焊管制造,套管接箍为无缝钢管制造。套管规范主要有套管外径、内径、壁厚、长度、单位长度质量、接箍长度、螺纹型式、钢级等。

3.9.2.1.1 套管系列

各厂家生产的套管尺寸系列主要根据 API 标准,非 API 标准由使用者向厂家提出特殊订货。套管尺寸系列是长期形成的,它与钻头尺寸密切相关。表 3-51 给出了常用套管尺寸系列以及套管尺寸与钻头尺寸的配合间隙情况。

表 3-51　常用套管尺寸与钻头尺寸配合

套管尺寸			通径偏差(mm)	钻头尺寸		钻头与套管之间的间隙值(mm)
外径 in(mm)	壁厚(mm)	名义内径(mm)		in	mm	
5 (127.0)	10.72	105.6	102.4	$3^7/_8$	98.4	7.2
	9.19	108.6	105.4	$4^1/_8$	104.8	3.8
	7.52	112.0	108.8	$4^1/_4$	107.9	4.1
	6.43	114.1	111.0	$4^1/_4$	107.9	6.2
	5.59	115.8	112.6	$4^1/_4$	107.9	7.9
$5^1/_2$ (139.7)	10.54	118.6	115.4	$4^1/_2$	114.3	4.3
	9.17	121.4	118.2	$4^5/_8$	117.5	3.9
	7.72	124.3	121.1	$4^3/_4$	120.6	3.7
	6.98	125.7	122.6	$4^3/_4$	120.6	5.1
	6.20	127.3	124.1	$4^7/_8$	123.8	3.5
$6^5/_8$ (168.3)	12.06	144.1	141.0	$4^7/_8$	123.8	20.3
	10.59	147.1	143.9	$5^5/_8$	142.9	4.2
	8.94	150.4	147.2	$5^3/_4$	146.0	4.4
	7.32	153.7	150.5	$5^7/_8$	149.2	4.5
7 (177.8)	16.25	145.3	142.1	$4^7/_8$	123.8	21.5
	14.98	147.8	144.7	$5^5/_8$	142.9	4.9
	13.72	150.4	147.2	$5^3/_4$	146.0	4.4
	12.65	152.5	149.3	$5^7/_8$	149.2	3.3
	11.51	154.8	151.6	$5^7/_8$	149.2	5.6
	10.36	157.1	153.9	6	152.4	4.7
	9.19	159.4	156.2	$6^1/_8$	155.6	3.8
	8.05	161.7	158.5	$6^1/_8$	155.6	6.1
	6.91	164.0	160.0	$6^1/_4$	158.7	5.3
	5.87	166.1	162.9	$6^1/_4$	158.7	7.4
$7^5/_8$ (193.7)	12.70	168.3	165.1	$6^1/_4$	158.7	9.6
	10.92	171.9	168.7	$6^5/_8$	168.3	3.6
	9.52	174.7	171.4	$6^5/_8$	168.3	6.4
	8.33	177.0	173.8	$6^3/_4$	171.4	5.6
	7.62	178.5	175.3	$6^3/_4$	171.4	7.1

套管尺寸			通径偏差 (mm)	钻头尺寸		钻头与套管之间的间隙值 (mm)
外径 in（mm）	壁厚 (mm)	名义内径 (mm)		in	mm	
8⁵/₈ (219.1)	14.15	190.8	187.6	7³/₈	187.3	3.5
	12.70	193.7	190.5	7³/₈	187.3	6.4
	11.43	196.2	193.0	7³/₈	187.3	8.9
	10.16	198.8	195.6	7⁵/₈	193.7	5.1
	8.94	201.2	198.6	7⁵/₈	193.7	7.5
	7.72	203.7	200.5	7⁷/₈	200.0	3.7
	6.71	205.7	202.5	7⁷/₈	200.0	5.7
9⁵/₈ (244.5)	19.05	206.4	202.4	7⁷/₈	200.0	6.4
	15.87	212.7	208.8	7⁷/₈	200.0	12.7
	15.11	214.3	210.3	7⁷/₈	200.0	14.3
	13.84	216.8	212.8	8³/₈	212.7	4.1
	11.99	220.5	216.5	8¹/₂	215.9	4.6
	11.05	222.7	218.4	8¹/₂	215.9	6.8
	10.03	224.4	220.4	8⁵/₈	219.1	5.3
	8.94	226.6	222.6	8³/₄	222.2	4.4
	7.92	228.7	224.7	8³/₄	222.2	6.5
10³/₄ (273.1)	15.51	242.8	238.9	9	228.6	14.2
	13.84	245.4	241.4	9	228.6	16.8
	12.57	247.9	243.9	9	228.6	19.3
	11.43	250.1	246.2	9⁵/₈	244.5	5.6
	10.16	252.7	248.8	9⁵/₈	244.5	8.2
	8.89	255.2	251.3	9⁷/₈	250.8	4.4
	7.09	258.8	254.9	9⁷/₈	250.8	8.0
11³/₄ (298.4)	12.42	273.6	269.6	9⁷/₈	250.8	22.8
	11.05	276.3	272.4	10⁵/₈	269.9	6.4
	9.52	279.4	275.4	10⁵/₈	269.9	9.5
	8.46	281.5	277.6	10⁵/₈	269.9	11.6
13³/₈ (339.7)	13.06	313.6	309.7	12	304.8	8.8
	12.19	315.3	311.4	12¹/₄	311.1	4.2
	10.92	317.9	313.9	12¹/₄	311.1	6.8
	9.65	320.4	316.5	12¹/₄	311.1	9.3
	8.38	322.9	319.0	12¹/₄	311.1	11.8
16 (406.4)	12.57	381.3	376.5	14³/₄	374.6	6.7
	11.57	384.1	379.4	14³/₄	374.6	9.5
	9.52	387.4	382.6	15	381.0	6.4
18⁵/₈ (473.1)	11.05	451.0	446.2	17¹/₂	444.5	6.5
20 (508.0)	16.13	475.7	470.9	18¹/₂	469.9	5.8
	12.70	482.6	477.8	18¹/₂	469.9	12.7
	11.13	485.9	481.0	18¹/₂	469.9	16.0

3.9.2.1.2 套管钢级

API SPEC 5CT 标准将套管钢级分为 4 组 19 个。第 1 组包括 H40、J55、K55、N80-1 和 N80-Q 共 5 个钢级；第 2 组包括 M65、L80-1、L80-9Cr、L80-13Cr、C90-1、C90-2、C95、T95-1、T95-2 共 9 个钢级；第 3 组仅 1 个钢级，即 P110；第 4 组包括 Q125-1、Q125-2、Q125-3、Q125-4 共 4 个钢级。常用的 API 钢级有 J55、K55、N80、C90、P110 和 Q125 等。

API 标准套管钢级仅是一个参考系列，经常有非 API 标准套管。

3.9.2.1.3 套管标记

在套管本体和接箍上印有表示规范的文字、数字、颜色和符号。API 套管标记主要包括生产厂家、出厂日期、钢管类型、热处理工艺、钢级和套管螺纹等。

3.9.2.1.4 套管应用实例

表 3-52 给出了某油田一口开发井套管应用实例。

表 3-52 某油田一口开发井套管应用实例

序号	套管程序	名称	外径（mm）	钢级	壁厚（mm）	下入井段（m）	段长（m）
1	导管	套管	508.0	J55	12.70	0~30.00	30.00
2	表层套管	套管	339.7	J55	10.92	0~869.03	869.03
3		浮箍	339.7			869.03~869.50	0.47
4		套管	339.7	J55	10.92	869.50~904.83	35.33
5		浮鞋	339.7			904.83~905.38	0.55
6	技术套管	套管	244.5	L-80	11.99	0~191.08	191.08
7		套管	244.5	L-80	11.05	191.08~1919.14	1728.06
8		套管	244.5	TP-110	11.99	1919.14~2446.88	527.74
9		浮箍	244.5			2446.88~2447.20	0.32
10		套管	244.5	TP-110	11.99	2447.20~2482.07	34.87
11		浮鞋	244.5			2482.07~2482.48	0.41
12	生产套管	套管	168.3	VASS-90	12.07	0~3751.71	3751.71
13		浮箍	168.3			3751.71~3752.09	0.38
14		套管	168.3	VASS-90	12.07	3752.09~3775.30	23.21
15		浮鞋	168.3			3775.30~3775.76	0.46

3.9.2.2　套管附件

套管附件是套管柱的辅助构件，包括引鞋、套管鞋、旋流短节、承托环、回压阀、浮鞋、浮箍、扶正器、刮泥器、水泥伞、套管头等，其主要作用是辅助套管柱安全下入和居中。

（1）引鞋是装在套管鞋下部带循环孔的圆锥状短节。其作用是引导套管顺利下井。引鞋一般分为铸铁引鞋、铝合金引鞋、钢制引鞋、水泥引鞋、木引鞋和用套管本体割制的引鞋等。

（2）套管鞋是接在套管柱底端、带有内倒角的套管接箍。其作用是起钻时借助套管鞋的内斜面引导钻具进入套管中心，以免钻杆接头台肩及钻头刮套管底端。

（3）旋流短节是一根接在套管柱下部引鞋和浮箍之间、带有左螺旋分布孔的套管短节。其作用是使水泥浆在套管外呈旋流状上返，以提高顶替效率，保证固井质量。

（4）承托环是一种装在套管下部预计的套管接箍内的套管附件，是一种用钢板或铸铁等车有螺纹的特殊圆板，也叫阻流板。其作用是承托固井胶塞、提供碰压指示、控制水泥塞高度。

（5）回压阀是装在套管柱下部指定位置的接箍内、限制管外流体流向管内的一个阀件。其作用是下套管过程中防止井眼内的钻井液进入套管，以减轻套管重量；注水泥后，可以防止水泥浆回注；回压阀带承托环时，可承托胶塞。

（6）浮鞋是将引鞋、套管鞋、回压阀制成一体的一种套管附件。从结构上分尼龙球式浮鞋和球面钢阀式浮鞋。浮鞋和浮箍常配套使用，是在固井作业中普遍采用的附件。

（7）浮箍是带承托环和回压阀的一种套管接箍，能起到承托环（阻流板）和回压阀的双重作用。

（8）扶正器是装在套管体外面、起扶正套管作用的装置。其主要作用是用来扶正套管，保持套管在井眼中居中，保证套管柱与井壁环形空间的水泥浆分布均匀，提高水泥环质量；有时扶正器被用来防止套管在高渗透地层段黏卡，减少套管磨损，保证套管顺利下井；扶正器还可刮掉井壁上的疏松滤饼，提高水泥与地层的胶结质量。扶正器分为弹簧扶正器和刚性扶正器两种。

（9）刮泥器是一种安装在套管下部、用于清除井壁滤饼的套管附件。其作用是在套管下行过程中刮削井壁，清除松软的滤饼，以改善水泥与地层的胶结质量。刮泥器分为往复式刮泥器和旋转式刮泥器两种。

（10）水泥伞是一种安装在套管柱下部、防止井壁与套管环形空间水泥浆下降的一种套管附件。水泥伞通常用弹簧钢作成伞状骨架，外层包上橡胶衬。其作用是下入井内后张开，固定在井壁上，防止水泥浆向下流动，提高固井质量。

（11）套管头是一种安装在表层套管柱上端井口处、用来悬挂除表层套管以外的套管、密封套管环形空间、安装防喷器组合的专用构件总成。套管头由本体、四通、套管悬挂器、密封组件和旁通管等组成。按生产标准分为标准套管头和简易套管头；按悬挂套管的层数分为单级套管头、双级套管头和三级套管头；按结构分为卡瓦式和螺纹式；按组合型式分为单体式和组合式；按本体连接型式分为卡箍式和法兰式。套管头尺寸系列主要有 TG13$\frac{3}{8}$×9$\frac{5}{8}$×7、TG13$\frac{3}{8}$×9$\frac{5}{8}$×5$\frac{1}{2}$、TG9$\frac{5}{8}$×7、TG9$\frac{5}{8}$×5$\frac{1}{2}$ 等。压力级别主要有 21MPa、35MPa、70MPa 等。

3.9.2.3 固井工具

固井工具主要包括内管注水泥器、分级注水泥接箍、尾管悬挂器、管外注水泥封隔器、地锚、热应力补偿工具、套管刮削器等。其主要作用是实现某种特殊固井作业。

（1）内管注水泥器是一种在大直径套管内下入钻杆或油管作为注入和顶替水泥浆通道的固井专用井下工具。内管注水泥器分上密封和下密封两种，后者普遍使用。下密封内管注水泥器由插座和插头两部分组成。按插座的结构特点分为水泥浇注型和套管嵌装型；水泥浇注型又分为半浇注式和全浇注式；套管嵌装型又分为自灌式和非自灌式。一般应用在套管外径不小于 273mm 的套管固井。

（2）分级注水泥接箍是一种安装在套管柱预定位置、实现分级注水泥作业的固井专用井下工具。双级注水泥接箍应用最广泛，由分级箍本体、承压座、承压环、一级注水泥顶替塞、关闭塞、打开塞（重力塞）和二级关闭塞组成。

（3）尾管悬挂器是一种将尾管悬挂在上层套管柱的固井专用井下工具。尾管悬挂器从悬挂方式上分水泥环式悬挂或机械式悬挂，后者应用广泛。机械式尾管悬挂器有微台阶式、楔块式、卡瓦式 3 种，以卡瓦式尾管悬挂器应用最普遍。多数尾管悬挂器在上部安装回接筒。

（4）管外注水泥封隔器是一种具有封隔地层和注水泥作用的固井专用井下工具。

（5）地锚是一种用于给套管提拉预应力的固井专用井下工具。分为卡瓦式地锚和空心型地锚。主要用在稠油热采井中。

（6）热应力补偿工具是一种用于对套管伸缩进行补偿的固井专用井下工具。主要用在稠油热采井中。

（7）套管刮削器是一种用于清除套管内壁残留物的井下工具。可用于清除残留在套管内壁上的水泥块、结蜡、各种盐类结晶和沉积物、射孔毛刺以及套管锈蚀后所产生的氧化铁等，以便畅通无阻地下入各种下井工具。套管刮削器主要有胶筒式套管刮削器和弹簧式套管刮削器两种。

3.9.2.4 油井水泥

油井水泥指专门用于油气井固井的硅酸盐水泥（波特兰水泥）和非硅酸盐水泥，包括掺有各种外掺料或外加剂的改性水泥或特种水泥。适应于各种钻井条件下进行固井、修井作业。

3.9.2.4.1 标准油井水泥

标准油井水泥又称 API 油井水泥。中国制定的油井水泥国家标准，基本上采用了 API 规范。API 标准规定油井水泥分 8 个级别：A、B、C、D、E、F、G、H。其中 A、B、C 级油井水泥相当于建筑水泥，D、E、F 级油井水泥在粉磨过程中掺入了外加剂，G、H 级油井水泥在粉磨和混合过程中不掺入外加剂。G 级油井水泥在中国应用最广泛。表 3-53 给出了油井水泥使用范围。

表 3-53 油井水泥使用范围

API 级别	深度范围（m）			温度范围（℃）		
	普通型（O）	中抗硫酸盐型（MSR）	高抗硫酸盐型（HSR）	普通型（O）	中抗硫酸盐型（MSR）	高抗硫酸盐型（HSR）
A	0～1830			< 45		
B		0～1830	0～1830		中温	中温
C	0～1830	0～1830	0～1830	< 45	< 45	< 45
D		1830～3050	1830～3050		62～97	62～97
E		3050～4270	3050～4270		97～120	97～120
F		3050～4880	3050～4880		> 120	> 120
G		0～2440	0～2440		0～94	0～94
H		0～2440			0～94	

注：G、H 级油井水泥加速凝剂或缓凝剂后，可在各种井深与温度范围内应用，表中适用温度和井深是没有加入速凝剂或缓凝剂的原浆水泥。

3.9.2.4.2 特种油井水泥

特种油井水泥和特种油井水泥浆体系有低密度水泥、泡沫水泥、耐高温水泥、含盐水泥、防气窜水泥、不渗透水泥、抗腐蚀水泥、膨胀水泥、微细水泥、纤维水泥、触变性水泥、钻井液转化为水泥浆、磁处理水泥浆、镁氧化水泥。特种油井水泥和特种油井水泥浆体系配方及用途见表 3-54。

表 3-54 特种油井水泥和特种油井水泥浆体系

名称		主要配方	主要用途
低密度水泥	粉煤灰水泥	粉煤灰掺量为油井水泥质量的 60%	用于配制密度 1.55～1.70g/cm³ 水泥浆
	膨润土水泥	膨润土掺量为干水泥质量的 8%～10%	用于配制密度 1.53～1.58g/cm³ 水泥浆
	水玻璃水泥	水玻璃掺量为水泥质量的 5.64%	用于配制密度 1.50～1.62g/cm³ 水泥浆
	微珠水泥	水泥：石英砂：微珠为 100：30：37	用于配制密度 1.38g/cm³ 左右水泥浆
泡沫水泥		在水泥浆中充入气体（氮气或空气），并加表面活性剂，属超低密度水泥	用于低压易漏井
耐高温水泥		在水泥中加入砂和硅粉	用于深井和高温井
含盐水泥	低含盐水泥	含盐量在混合水中占 15% 以下，加入 R906 抗盐降失水剂	用于高寒地区固井
	高含盐水泥	含盐量在混合水中占 15% 以上，加入 R906 抗盐降失水剂	用于岩盐层和高压盐水层

续表

名称		主要配方	主要用途
防气窜水泥	KQA 型	在 G 级水泥中加入防气窜剂 KQA 型	用于中深井，防止环空窜流
	KQB 型	在 G 级水泥中加入防气窜剂 KQB 型	用于深井，防止环空窜流
	KQC 型	在 G 级水泥中加入防气窜剂 KQC 型	用于浅井，防止环空窜流
不渗透水泥	胶乳水泥	在水泥中加入适量胶乳（苯二烯—丁二烯）	抑制气体渗透过水泥本体
	聚合物水泥	在水泥中加入部分交联聚合物（G60，G60-S，G69，丁 2B）	抑制气体渗透过水泥本体
	微硅水泥	在水泥中加入平均粒度 0.15μm 的微硅	抑制气体渗透过水泥本体
抗腐蚀水泥	微硅水泥体系	在 G 级水泥中加入 10% 的微硅，再加入适当外加剂（根据井况）	防止含有 Cl^-、SO_4^{2-}、HCO_3^- 等离子水腐蚀水泥
	粉煤灰体系	在 G 级水泥中加入适量粉煤灰和 10% 微硅和其他外加剂	防止含有 Cl^-、SO_4^{2-}、HCO_3^- 等离子水腐蚀水泥
膨胀水泥	钙矾石体系	加入适量膨胀剂，主要由钙、铝的氧化物和石膏构成	封闭环空微隙，增强胶结力
	针钠钙石体系	加入钠钙石 $[Na_2O(CaO)_4(SiO_2)_6 \cdot H_2O]$ 膨胀物	封堵深井、地热井孔洞、漏失井段
	煅烧氧化镁体系	在油井水泥中加入煅烧氧化镁，根据不同温度加量不同	改善水泥与套管、地层间界面胶结
	氧化钙复合体系	在油井水泥中加入 5%~7% 复合 CaO 膨胀剂	防止水泥浆硬化过程中收缩、干裂
	高铝水泥膨胀体系	在油井水泥中加适量处理过的铝粒子、硫酸钙和氧化钙	封闭环空微隙
	铝粉体系	在水泥中加入粉状的锌、铁、铝等物质	防止气窜
微细水泥		颗粒大小在 1~1.5μm 范围，平均细度在 6500~9000cm²/g 的水泥体系	挤水泥、堵水、堵漏
纤维水泥		在水泥中加入纤维材料	层间分隔、堵漏等
触变性水泥	无机类触变剂体系	膨润土体系、硫酸钙体系、硫酸铝—硫酸亚铁体系	封堵射孔井眼，提高水泥胶结质量
	可交联的聚合物体系	用锆、钇等元素作交联剂的触变水泥，用钛螯合物作交联剂的触变水泥	
钻井液转化为水泥浆（简称 MTC）		（1）使用加有适量水化材料的钻井液，在固井时，再向钻井液中加入足量的水化材料和外加剂转化为固井液； （2）在钻井液中加入促凝剂、激活剂等外加剂，然后加入矿渣或水泥等水化材料，将钻井液转为水泥浆	减少钻井液排放量，降低固井费用
磁处理水泥浆		将水泥浆以一定流速通过磁场，引起水泥浆体系内能的改变，使水泥石强度提高，水泥石变致密，渗透率降低；另外，水泥浆流动性好	提高水泥石封固能力，防止油、气、水窜
镁氧化水泥（索瑞尔水泥）		具有反应活性的 MgO 再与 $MgCl_2$ 浓溶液反应而成，该体系常用 $MgO—MgCl_2—H_2O$ 表示	用于钻井、完井、修井工程中漏失地层或井段的封堵

3.9.2.5　油井水泥外加剂

油井水泥外加剂指用于调节、控制和改变油井水泥性能的天然或合成化学材料。主要功能是改善水泥浆性能，使水泥浆密度、稠化时间、降失水性能以及流变性等能适应深井、超深井、特殊井、复杂地层等固井施工要求。油井水泥外加剂分为促凝剂、缓凝剂、减轻剂、加重剂、分散剂、降失水剂、堵漏剂、其他外加剂8大类、100余种产品。

3.9.2.5.1　促凝剂

促凝剂又称速凝剂，用于缩短稠化时间，加速水泥凝结及硬化，提高水泥石早期强度。常用于以下两种情况：一是井底循环温度低于65℃的表层套管和技术套管固井作业；二是打水泥塞、堵漏和封堵井口冒油气水等特殊注水泥作业。促凝剂主要有两大类：一是无机盐类促凝剂，常用品种有氯化钙、氯化钠和硅酸钠等，正常用量为油井水泥的2%～4%；二是有机化合物类促凝剂，常用品种有甲酸钙、甲酰胺、草酸、三乙醇酸胺等。

3.9.2.5.2　缓凝剂

缓凝剂是使水泥浆稠化和凝固时间延缓的外加剂。常用缓凝剂的情况包括：一是深井、超深井和地温异常等井下温度高的油气井注水泥作业；二是尾管和双级注水泥等施工时间较长的特殊注水泥作业；三是井径大和封固段长等水泥浆用量大的注水泥作业。主要品种有木质素磺酸盐、羟基羧酸、糖类化合物、纤维素衍生物、有机磷酸盐、无机化合物。

3.9.2.5.3　减轻剂

减轻剂又叫填充剂，它可以降低水泥浆密度，从而使固井水泥浆柱压力下降，有助于防止由于薄弱地层的破裂而引起的井漏，保证固井质量。减轻剂分为3类：第一类是膨润土类，吸附能力强，造浆率高，可通过水泥浆高的水灰比来降低水泥浆密度；第二类是一些低密度材料，加入水泥浆后可降低水泥浆密度；第三类是泡沫水泥，是用向水泥浆中充气或化学发气的方法，形成超低密度泡沫水泥。常用的填充剂有黏土、硅酸钠、火山灰、膨胀珍珠岩、黑沥青、微珠、氮气等。

3.9.2.5.4　加重剂

加重剂是一种提高水泥浆密度的外加剂。当钻遇高压油气层或在老油田调整井固井作业时，为防止气窜、井喷，需加大水泥浆密度，常常在水泥中掺入加重剂来提高水泥浆密度。常用的加重剂有重晶石、钛铁矿、赤铁矿、氧化锰等。

3.9.2.5.5　分散剂

分散剂主要用来提高水泥浆流变性，改善流动性能。磺酸盐是最常用的水泥分散剂，常用的磺酸盐有木质素磺酸盐、聚苯乙烯磺酸盐、聚苯磺酸盐、三甲聚酰磺酸盐（PMS）等。

3.9.2.5.6　降失水剂

降失水剂是一种用于降低油井水泥浆失水量的外加剂。水泥浆在液柱压力下经过高渗透地层时将发生"渗滤"，也叫滤失现象，通常叫做失水。水泥浆失水后，流动性变差，甚至无法泵送，导致固井失败，进入储层会对储层形成不同程度的伤害。为避免产生上述危害，需采用降失水剂。常用的降失水剂有膨润土、胶乳、苯乙烯—丁二烯树脂等颗粒材料和 S24、S27、羟乙基田菁、羟乙基合成龙胶、改性纤维素、改性淀粉、XS-2、LW-1、SZ1-1、SK-1、PQ-1 等水溶性聚合物。

3.9.2.5.7　堵漏剂

堵漏剂是一种预防和封堵井漏的外加剂。注水泥过程中井漏是一种严重的事故。为了避免这种事故的发生，凡是固井前觉察出井漏，就必须用堵漏剂加以堵漏。堵漏剂有硬沥青、核桃壳、粗粒膨润土、玉米芯子、赛璐玢片等颗粒煤堵漏材料和触变性水泥。

3.9.2.5.8　其他外加剂

（1）消泡剂是一种用于消除水泥浆中泡沫的外加剂。有的水泥浆外加剂在配制期间能引起水泥浆发泡，发泡严重则使水泥浆密度测量不准确，严重影响泵入效率。为此，需用消泡剂在配制水泥浆过程中把泡沫消除。常用的消泡剂有聚乙二醇和硅氧烷，加量为水泥浆中水重量的 0.1%。

（2）增强剂是用来改善水泥抗冲击强度和对射孔应力抵抗能力的一种外加剂。常用的增强剂有尼龙纤维、磨碎橡胶。

（3）放射性示踪剂是使水泥浆带有放射性，以便能比较容易地确定水泥浆在井内的位置。挤水泥补救作业中常常使用放射性示踪剂。固井前先进行一次基准性测井，获得地层自然放射性数据，固井后再进行一次放射性测井，对比两者差异即可确定出补救挤水泥浆的位置。常用的放射试剂是 53J131（半衰期 8.1d）和 77Ir192（半衰期 74d）。

4 完井工程工艺

完井工程是在钻达设计要求的全井完钻井深后，以作业队或钻井队为主体，相关技术服务队伍共同参与，采用修井机或钻机等设备和仪器，按设计确定的完井方式进行施工，直至交井。完井工程通常由完井准备、完井作业、录井作业、测井作业、射孔作业、测试作业、压裂作业、酸化作业、其他作业等构成。本章介绍完井准备、完井作业、射孔作业、测试作业、压裂作业、酸化作业、其他作业7项内容，测井作业和录井作业的相关内容分别参见"3.4 测井作业"和"3.5 录井作业"。

4.1 完井准备

4.1.1 土建工程

土建工程指为保证完井设备搬迁和施工而实施的道路和井场维修施工。主要工程内容包括：井位及井场临时道路勘查、测量及占用土地的落实、征用，井场临时道路修建，桥涵修筑与加固，生产生活区场地平整，井架基础、地滑车基础和池类修建。同钻前工程中的勘测工程、道路工程、井场工程基本一致，仅是工程量相对要小很多。很多情况下利用钻井井场，几乎不用实施土建工程。

4.1.2 动迁工程

动迁工程指一整套作业设备的拆卸、运移、安装以及作业队动员，分为作业队动迁和井场动迁两种情况。作业队动迁指作业队住地及井场设施全部动迁。井场动迁指只动迁井场设施，住地不动。

4.1.2.1 作业设备组成

各油气田完井作业设备配套基本相似，具体项目内容可能有所不同。这里举例给出某油田通井机和修井机两种机型设备基本配套情况，见表4-1。

表4-1 某油田完井作业设备配套

序号	设备名称	规格型号	计量单位	通井机	修井机
1	通井机		台	1	
2	作业井架		套	1	
3	修井机		台		1
4	液压油管钳	YQ-25-B	套	1	1

续表

序号	设备名称	规格型号	计量单位	通井机	修井机
5	游动滑车	YG—60	套	1	1
6	发电机	115kW	台	1	1
7	发电机	30kW	台	1	1
8	储液罐	15m³	个	1	1
9	柴油罐	6m³	个	1	1
10	生活水罐	6m³	个	1	1
11	计量池	10m³	个	2	2
12	计量池	2m³	个	1	1
13	送班车	雷诺	台	1	1
14	干部住房		栋	1	1
15	职工住房		栋	4	4
16	厨房		栋	1	1
17	餐厅		栋	1	1
18	水房		栋	1	1
19	配件、工具库		栋	1	1
20	防护、消防库		栋	1	1
21	发电房		栋	1	1
22	厕所		栋	1	1

4.1.2.2　设备拆卸安装

作业设备拆卸和安装的施工过程往往相反。拆卸时先拆卸各种设备，再拆卸井架；安装时先安装井架，再安装各种设备。设备安装基本过程如下：

（1）立井架，装井口，装地滑车，穿提升系统，装指重表或拉力表，安装地面计量流程。

（2）根据井口位置及HSE应急方案要求，确定值班房、发电房、工具房、储罐、油罐、爬犁、排污池、火把等的摆放位置。

（3）井场、生活区照明、电路安装。

4.1.2.3　设备运移

设备运移包括各种设备、井场用房和井架的装配车、绑车、运输、卸车，通井机和车载式修井机自行移动。

4.1.2.4　作业队动员

作业队动员指作业队从驻地到井场或从一个井场到另一个井场的人员动迁。在动迁过程中，作业队还要完成各项开工准备工作，主要内容包括：

（1）井场准备。包括井场平整、搭油管桥、油管排放丈量等。

（2）井口、井下工具准备。包括安装封井器、井口操作平台、液压油管钳、井口工具、井下工具及抽汲系统工具等。

（3）器材准备。根据完井工程设计要求，备足压井液、洗井液、消防器材、通信器材，对含有硫化氢的井应有人身防护用具准备等。

（4）资料准备和技术交底。收集有关井史资料，备好有关各种记录、图表及现场化验仪器，向作业队施工人员技术交底。

4.2　完井作业

完井作业通常指作业队使用修井机或通井机在已形成的井筒内实施一系列施工，对于一些边远探井或超深井有时由钻井队使用钻机完成。根据工作状态，完井作业由作业队实施井筒施工和排液求产两个阶段组成。

4.2.1　井筒施工

井筒施工通常包括井筒准备、下作业管柱、辅助施工、起作业管柱、封层上返、下生产管柱等工作内容。最简单的井筒施工可能仅有井筒准备、下生产管柱。

4.2.1.1　井筒准备

井筒准备通常包括通井、替钻井液、刮削、洗井、探底、试压、替射孔液、降液面等内容。

4.2.1.1.1　通井

通井是用专门的工具验证套管径向尺寸变化及完好程度的作业。通常用钻杆或油管带通井规下入井内套管中，检验井筒是否畅通无阻。通井所用主要工具是套管通井规和铅模。套管通井规是检查套管、油管内通径的最常用的工具。通井规规格见表4-2。

表4-2　通井规规格

套管外径	mm	114.3	127.0	139.7	146.1	168.3	177.8
	in	$4\frac{1}{2}$	5	$5\frac{1}{2}$	$5\frac{3}{4}$	$6\frac{5}{8}$	7
通井规规格	外径（mm）	92~95	102~107	114~118	116~128	136~148	144~158
	长度（mm）	$\geqslant 800$					

通井基本要求：（1）射孔井应通至射孔段以下，新井要通至井底；（2）裸眼、筛管完

成井应通至套管鞋以上 10~15m，然后用油管通到井底；（3）下有尾管悬挂器完成的井要用带引鞋的通径规通井。

4.2.1.1.2 替钻井液

一般用清水分段替出井筒内的钻井液。

4.2.1.1.3 刮削

刮削是用双面套管刮削器刮削套管内壁，清除套管内壁上的水泥、钻井液、铁锈、炮眼毛刺、硬蜡、盐垢等物质，同时检查套管有无异常变化。刮削的目的是为顺利下入井下工具做好井筒准备。有些井不进行这道工序，主要根据井筒情况决定是否进行刮削。刮削所用主要工具是套管刮削器（图 4-1），分胶筒式和弹簧式两种，需要根据套管内径选择。套管刮削器规格见表 4-3。

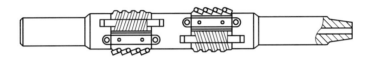

图 4-1 套管刮削器

表 4-3 套管刮削器规格

序号	胶筒式刮削器		弹簧式刮削器		适用套管规格	
	型号	外形尺寸（直径 mm× 长度 mm）	型号	外形尺寸（直径 mm× 长度 mm）	mm	in
1	GX-G114	112×1119	GX-T114	112×1119	114.3	$4^1/_2$
2	GX-G127	119×1340	GX-T127	119×1340	127.0	5
3	GX-G140	129×1443	GX-T140	129×1443	139.7	$5^1/_2$
4	GX-G146	133×1443	GX-T146	133×1443	146.1	$5^3/_4$
5	GX-G168	156×1604	GX-T168	156×1604	168.3	$6^5/_8$
6	GX-G178	166×1604	GX-T178	166×1604	177.8	7

刮削基本要求：（1）要下封隔器的井应用套管刮削器刮到封隔器坐封段以下；（2）下有尾管悬挂器完成的井不要用刮削器通井。

4.2.1.1.4 洗井

洗井是使用泵注设备，利用洗井液，通过井内管柱建立管柱内外循环，清除井内污物。按设计要求，将油管下至预定深度，通过循环洗井液把井筒及井底的脏物清除干净。洗井分正循环洗井和反循环洗井。正循环洗井是洗井液从油管内进入，从油管和套管之间的环形空间返出；反循环洗井是洗井液从油管和套管之间的环形空间进入，从油管内返出。

不同的井采用的洗井方法及洗井液有所不同，基本要求如下：

（1）一般新井投产要通过洗井将井内钻井液及钻井液的沉淀物冲洗干净，洗井液不得少于井筒容积的两倍。排量大于 500L/min，连续洗井两周以上，达到进口和出口洗井液性能一致。

（2）采用负压射孔的井，洗井时要用与油气层配伍的无固相优质射孔液。

（3）对于漏失量较大的井，应在洗井液中加入增黏剂和暂堵剂，并降低洗井液密度。

（4）对于低产油层、油水同层、含油水层的井，在求产结束后要进行反洗井，准确计算日产量和总油量。

（5）对于需要压裂、酸化的井，在压裂、酸化前要彻底洗井，清除井筒、井底的沉淀物，提高压裂、酸化效果。

（6）对于出砂井，应优先采用反循环洗井法，保持不喷不漏、平衡洗井。若采用正循环洗井时，应经常活动管柱，防止砂卡。

（7）对于稠油井洗井，洗井液中可加入活性剂、洗油剂，并提高洗井液的温度。

（8）对于需要注水泥塞的井，在注水泥塞之前要彻底洗井，以保证水泥塞质量。

4.2.1.1.5 探底

探底即探人工井底，有硬探、软探两种方式。软探是用钢丝绳加铅锤探至人工井底，硬探是用油管或钻杆探至人工井底。硬探人工井底要求加压 10～20kN，连续 3 次探测井底，深度相差小于 0.5m 为合格。

4.2.1.1.6 试压

试压是采用液体或气体介质，用泵注设备按规定对地面流程、井口设备、下井管柱、井筒套管、井下工具、封层和封堵井段进行耐压程度检验。试压有正压法和负压法两种。

4.2.1.1.7 替射孔液

一般是用无固相优质射孔液或活性水替出井筒内清水，为射孔施工做好准备。

4.2.1.1.8 降液面

一般是根据本井油气储层地层压力比较低的情况，采用气举等方式将井筒内的液面降到井口以下一定深度，减少井筒内的液柱压力，便于后续作业时地层流体能够较为容易地进入井筒内。对于油气储层地层压力比较高的井不进行这道工序。

由于井筒情况比较复杂，除上述介绍的基本工序外，有时会有一些特殊作业，如探砂面、冲砂、填砂、打水泥塞等。

4.2.1.2 下作业管柱

作业管柱包括射孔管柱、测试管柱、压裂管柱、酸化管柱和组合管柱等。根据完井设计要求，有时下一趟作业管柱，有时需要下多趟作业管柱。

4.2.1.2.1 下射孔管柱

采用油管输送射孔时，把一口井一层所要射开油气层的射孔器全部连接后，与油管柱的下端连接，形成射孔管柱，由作业队依次下入井中。采用过油管射孔时，需要将油管下到射孔井段上部。

4.2.1.2.2 下测试管柱

进行地层测试时，采用钻杆或油管将压力测试记录仪、筛管、封隔器和测试阀等测试工具下入测试层段，并使封隔器坐封于测试层上部，将测试层和与其相邻的地层及钻井液封隔开。

4.2.1.2.3 下压裂管柱

实施压裂作业时，按压裂设计要求，下入压裂管柱。压裂管柱分为全井合压管柱、分层压裂管柱、临堵球分压管柱、限流压裂管柱 4 种。各种管柱又分为若干种压裂类型和注入方式，如全井合压管柱可采用光套管压裂管柱、光油管压裂管柱、单封隔器保护套管压裂管柱 3 种类型，分层压裂管柱又可分为单封隔器分层压裂管柱、单封隔器与桥塞组合分层压裂管柱、单封隔器与填砂分层压裂管柱 3 种类型。

4.2.1.2.4 下酸化管柱

进行酸化作业时，按酸化设计要求，通常下带有封隔器的酸化管柱。酸化管柱自下而上的结构顺序是：喇叭口（油管鞋）+ 节流器（定压阀）+ 油管 + 封隔器 + 水力锚 + 上部管柱。酸化管柱下到预计深度时，节流器下深应对油层中部，水力锚应与封隔器直接连接，节流器与封隔器之间应有一段间距。

4.2.1.2.5 下组合管柱

进行多项联合作业时，往往需要下组合管柱，如射孔与投产联作、射孔与测试联作、射孔与压裂（酸化）联作、地面直读与测试联作等。

（1）射孔与投产联作。

射孔与投产联作是射孔与投产一次完成的作业，射孔后不用起出射孔器和油管，直接投产。如图 4-2 所示，用电缆将生产封隔器坐挂在生产套管的预定位置，然后下入带射孔器的生产管柱，管柱的导向接头下到封隔器位置循环洗井；继续下管柱，当管柱密封总成坐封后，井口投棒高速下落撞击点火头，点火完成射孔；射孔枪及残渣释放到井底即投产。

自喷井普遍采用这种作业，既安全又经济，射孔与投产只下一次管柱就完成，管柱的结构和使用的封隔器因井而异。对于抽油井，用同一趟管柱下入射孔器和抽油泵等配套工具，射孔器点火引爆后，原管柱不动就可直接开泵投产。适用于直井、斜井和水平井。

（2）射孔与测试联作。

射孔与测试联作是将油管输送射孔工具与地层测试工具有效地组合成一套管柱（图 4-3），一次下井完成射孔和地层测试两项作业，即射孔后立即进行测试。

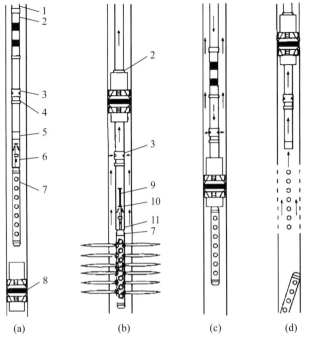

图 4-2　油管输送射孔与投产联作示意图

（a）下管柱；（b）射孔；（c）循环洗井；（d）投产；

1—生产油管；2—生产密封总成；3—盘式循环接头；

4—油管接箍；5—导向接头；6—重力引爆头与射孔释放装置；

7—射孔枪；8—生产封隔器；9—投棒；10—捶击；11—引爆头

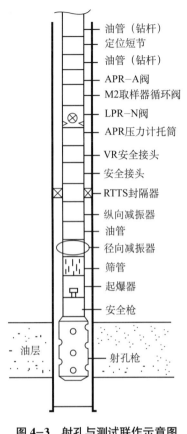

图 4-3　射孔与测试联作示意图

（3）射孔与压裂（酸化）联作。

射孔与压裂（酸化）联作是油管输送射孔与压裂（酸化）一次完成的作业（图 4-4）。下入联作管柱，先射孔，再进行测试，然后实施压裂（酸化）措施，之后还可以试井。

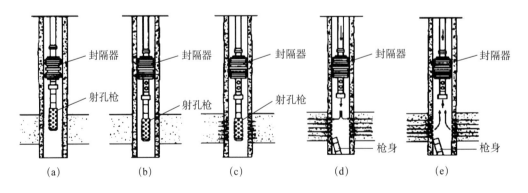

图 4-4　油管输送射孔与压裂（酸化）联作示意图

（a）下管柱；（b）坐封；（c）射孔；（d）丢枪压裂（酸化）；（e）生产

（4）地面直读与测试联作。

地面直读与测试联作是将电子压力计随同测试工具一起下入井中，再从井口下入电缆进行对接，电子压力计将测试期间感应到的井下压力、温度变化，通过电缆传到地面计算机系统，在计算机上显示、读出并及时解释、分析和处理。地面直读与测试联作如图4-5所示。

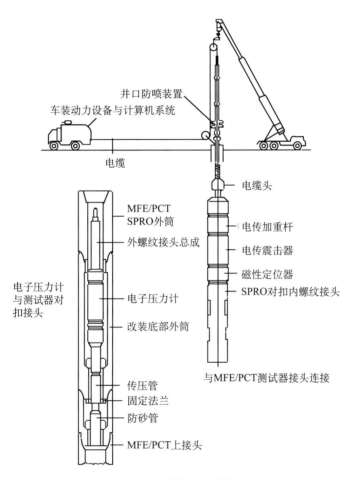

图4-5 地面直读与测试联作示意图

4.2.1.3 辅助施工

辅助施工指由专业施工队伍进行射孔、地层测试、压裂、酸化、试井等作业，而作业队进行相关的辅助工作。

4.2.1.4 起作业管柱

除投产联作管柱外，单独的射孔管柱、测试管柱、压裂管柱、酸化管柱等作业管柱要起出，以便进行后续工序。根据完井设计要求，有时起一趟作业管柱，有时需要起下多趟

钻井工程工艺（第二版）

作业管柱。起作业管柱同下作业管柱的程序正好相反，操作方法基本一致。起作业管柱前通常需要先压井。

压井是用具有一定性能和数量的液体，泵入井内，并使其液柱压力相对平衡于地层压力。压井方式有循环法压井、挤注法压井、灌注法压井、二次压井。其适用情况如下：（1）循环法压井适应于自喷井和动液面恢复较快的油井；（2）挤注法压井多用于没有循环通道的井；（3）灌注法压井是从环空灌入压井液压井；（4）二次压井先在被压油层顶部以上10～50m循环压井，然后加深油管至人工井底以上1～2m，再次循环压井，直至将井压住。

4.2.1.5 封层上返

对于含有多个油气层的探井试油作业时，在下面油气层试油作业结束后，需要上返继续试上一个油气层。为防止层间油气互窜造成干扰，将两个油气层之间下入封堵工具或注水泥进行封堵，称为封层上返。封堵方法主要有以下3种：电缆输送或油管输送永久式可钻桥塞封堵、油管输送丢手封隔器封堵、注水泥封堵。

通常情况下，探井往往需要进行多个层位试油作业，一般要求由下而上分层逐段测试，原则上不允许大段混试。每一层试油都要进行下作业管柱、射孔、地层测试、排液求产、起作业管柱和封层，直到全部层位测试完成。

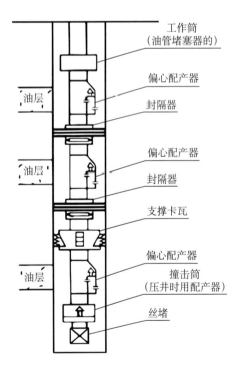

图4-6 自喷井分层采油管柱

4.2.1.6 下生产管柱

对于开发井，根据采油采气工艺要求，下入生产管柱。

4.2.1.6.1 下油井生产管柱

（1）自喷井生产管柱。

自喷井生产管柱主要有两种：一种是全井合采管柱，另一种是分层开采管柱。自喷井分层采油管柱如图4-6所示。

（2）有杆泵生产管柱。

有杆泵生产管柱分为封下采上、封上采下、封中间采上下、封上下采中间等结构型式，如图4-7所示。

（3）水力活塞泵生产管柱。

水力活塞泵生产管柱分全井段合采单管柱、单层段分采管柱、闭式平行双管柱、闭式同心双管柱等型式。单层段分采管柱又分封上采下、封下采上、封上下采中间3种结构型式，如图4-8所示。

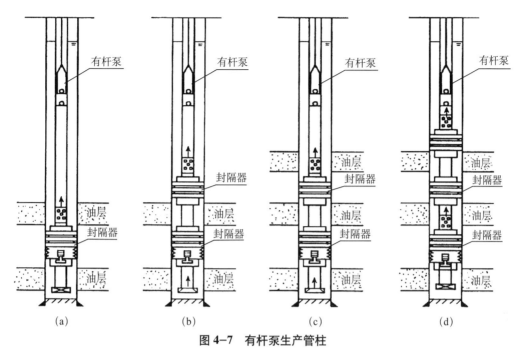

图4-7　有杆泵生产管柱

(a) 封下采上；(b) 封上采下；(c) 封中间采上下；(d) 封上下采中间

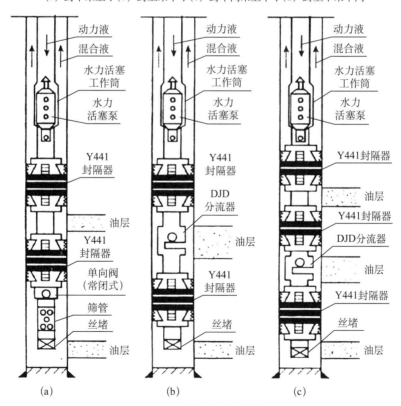

图4-8　单层段分采管柱

(a) 封上采下；(b) 封下采上；(c) 封上下采中间

（4）电动潜油泵生产管柱。

电动潜油泵生产管柱分为单采、封下采上、封上采下、封上下采中间等结构型式，如图 4-9 所示。

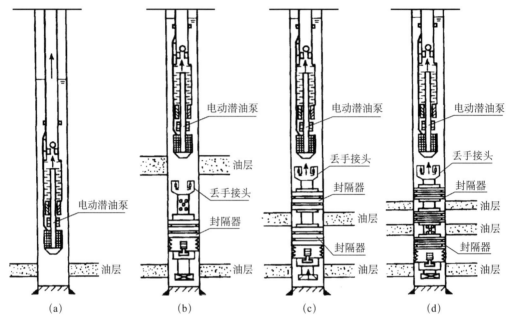

图 4-9　电动潜油泵生产管柱

(a) 单采；(b) 封下采上；(c) 封上采下；(d) 封上下采中间

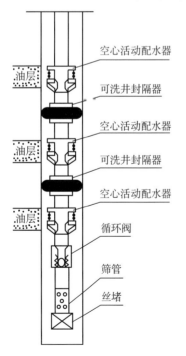

图 4-10　活动配水管柱

4.2.1.6.2　下注水井生产管柱

（1）笼统注水管柱。

笼统注水管柱比较简单，通常是一根光油管，有时在注水层以上的位置下入一个封隔器。

（2）分层注水管柱。

分层注水管柱按配水器结构分为 3 类：固定配水管柱、活动配水管柱（图 4-10）、偏心配水管柱。

4.2.1.6.3　下天然气井生产管柱

（1）常规天然气井生产管柱。

常规天然气井生产管柱往往采用油管传输射孔与投产联作的管柱，内容参见"4.2.1.2.5　下组合管柱"。

（2）腐蚀性天然气井生产管柱。

天然气中往往含有 H_2S、CO_2 等腐蚀性气体，必须采用抗腐蚀性气体的生产管柱，并且在油管和套管之间的环形空间注入缓蚀剂，如图 4-11 所示。

（3）注气井生产管柱。

为了提高油田采收率，有时采用注气井向油层中注入天然气、氮气或其他气体，或者地下储气库需要建设频繁注入和采出天然气的注采井。这类井的油管和井下工具长期在高压下工作，需要良好的气密性，如图 4−12 所示。

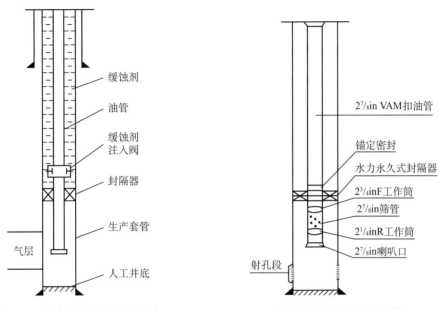

缓蚀剂
油管
缓蚀剂注入阀
封隔器
生产套管
气层
人工井底

图 4−11　抗腐蚀性气体生产管柱

2⁷/₈in VAM 扣油管
锚定密封
水力永久式封隔器
2³/₄inF 工作筒
2⁷/₈in 筛管
2¹/₄inR 工作筒
2⁷/₈in 喇叭口
射孔段

图 4−12　注气井生产管柱

4.2.1.7　交井或封井

4.2.1.7.1　交井

对于开发井，根据采油采气工艺要求，下入生产管柱后，装好井口装置，完成全部完井作业，交井投产。

4.2.1.7.2　封井

对于探井，完成最后一层试油作业后需要封井，分临时性封井和永久性封井两种。

（1）临时性封井。

对有工业油气流但暂时不具备投产条件的边远井进行临时性封井处理。表 4−4 给出了采取临时性封井措施的最低工业油气流参考标准。

表 4−4　临时性封井参考标准

井深（m）		< 500	500~1000	1000~2000	2000~3000	> 3000
产油（t/d）	陆地	0.3	0.5	1.0	3.0	5.0
	海域		10	20	30	50
产气（m³/d）	陆地	500	1000	3000	5000	10000
	海域		10000	30000	50000	100000

（2）永久性封井。

通过抽汲、提捞等排液措施，消除钻进、射孔、试油过程中对油气层伤害的影响后，仍无油气产出或日产液量极少的井，进行永久性封井处理。表4-5给出了采取永久性封井措施的参考标准。

表4-5　永久性封井参考标准

油气层深度（m）	液面深度（m）	日产量			观察时间（d）
		油（kg/d）	气（m³/d）	水（L/d）	
< 2000	1500	100	200	250	3
2000～3000	1800	200	400	400	3
3000～4000	2000	300	600	500	3
> 4000	2000 或允许掏空深度	400	800	600	3

封井方法常采用双水泥塞封井。在油气层顶部打一个水泥塞，在井口附近打一个水泥塞。对低压漏失裂缝型井，应先封堵住漏层后才能进行注水泥施工，也可采用回收桥塞或永久桥塞进行封堵，永久桥塞上要注入一定量的水泥。对于裸眼井，在裸眼段以上的套管内下入桥塞进行封堵，并在桥塞上注入一定量的水泥。

4.2.2　排液求产

4.2.2.1　排液施工

排液施工是采用人工方法降低井内液柱压力，使井筒内液柱压力低于地层压力，诱导地层流体进入井筒或喷出地面的作业。常用排液方法有替喷、抽汲、提捞、气举、泵抽等。

根据井控安全有关要求，含 H_2S 等有毒有害气体井、高压油气井、高含气井及解释为气层的井严禁用抽汲、提捞方式进行诱喷作业，已射开油气层井严禁用空气气举排液。

4.2.2.1.1　替喷

替喷是用密度较小的液体逐步替出井内密度较大的压井液，使井底液柱压力小于油气层压力，诱导油气从油气层流入井内，再喷出地面的作业。分为一次替喷和二次替喷两种方式。替喷方法可采用正循环法，也可采用反循环法。

4.2.2.1.2　抽汲

抽汲是用一种专用的抽汲工具将井内的液体抽出来，达到排出井筒液体、降低井筒液面的目的。这种专用工具就是油管抽子。把抽子接在抽汲钢丝绳上，用通井机作动力，通过地面地滑车、井架天车、防喷盒、防喷管，再下入油管中，在油管中上下运动。上提时抽子上油管内的液体随抽子的快速上行运动一起排出井口，下放时抽子在加重钻杆的作用下，下入井内液面以下的某一深度，这样反复上提下放抽子，达到油井排液的目的。抽汲排液系统如图4-13所示。

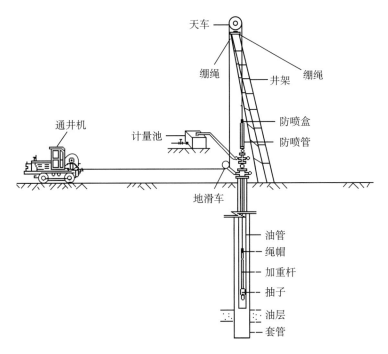

图 4-13 抽汲排液系统示意图

4.2.2.1.3 提捞

提捞是提捞筒通过通井机上的钢丝绳下入井中，一桶一桶地将井内的液体（油或水）捞出到地面，从而降低井内的回压，使地层的液体流到井中。

4.2.2.1.4 液氮气举

液氮气举是用液氮泵车的高压液氮泵，把经过液氮蒸发器（锅炉）生成的高压氮气注入油管或油管与套管之间的环形空间，顶替出井内的液体，减小井筒液柱对油层的回压，使地层的液体流到井中。液氮气举排液是在深井或超深井常用的一种诱喷排液方式。此外，还有气举阀排液、气举孔排液等。

4.2.2.1.5 泵抽

用管式泵、杆式泵、螺杆泵、水力活塞泵、水力喷射泵等设备，下到井筒动液面以下一定深度，将井内液体抽出地面，达到排液的目的。

4.2.2.2 求产施工

求产施工是在完井作业过程中，通过各种工艺技术和方法求取地层产能、流体性质、压力、温度等资料的过程。求产施工分自喷井求产施工和非自喷井求产施工。求产施工的工艺方法较多，一般与排液工艺连续进行，主要求产方法有自喷求产、定压定时气举求产、抽汲求产、测液面求产、三相分离器求产等。求产施工阶段一般主要有求产、测压、取样等工作内容。测压、测温、高压物性取样现场工作如图4-14所示。

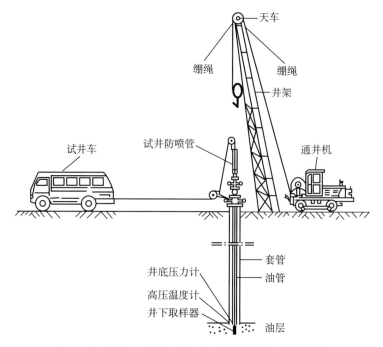

图4-14　测压、测温、高压物性取样现场工作示意图

4.2.2.2.1　求产

求产就是在一定的回压下，求取产层有代表性的稳定的油、气、水产量，其目的是对油气藏进行定量的经济评价。不同类型的井，求产的条件和标准不同。表4-6给出了各类井的求产条件、求产标准。

表4-6　各类井求产条件与标准

类型	求产条件	求产标准
自喷油气层	（1）根据油井自喷能力，选择合适的油嘴进行测试工作； （2）进行油气分离，待井口压力稳定，含水率降至5%以后，即进入稳定求产阶段，可进行计量求产	（1）产油量：≥500t/d，连续求产8h，1h计量一次，波动小于5%； （2）产油量：300～500t/d，连续求产16h，1h计量一次，波动小于10%； （3）产油量：100～300t/d，连续求产24h，1h计量一次，波动小于10%； （4）产油量：20～100t/d，连续求产32h，2h计量一次，波动小于10%； （5）产油量：<20t/d，连续求产48h，4h计量一次，波动小于15%
油水同出的自喷层	排出井筒容积的一倍以上液量，证实为地层水后，待水性稳定后即可求产	连续求产48h，2h计量一次，4～8h做一次含水分析，含水波动小于10%

类型	求产条件	求产标准
间喷层	确定合理工作制度后，定时或定压开井求产	连续 3 个间喷周期产量，波动范围小于 20%
非自喷层	(1) 在套管允许掏空深度条件下，尽可能降低回压； (2) 在排出井筒容积的液量或证实是地层水，待水性稳定后即可求产	具备连续举升条件时，在液性稳定后： (1) 产液量：≥ 50t/d，连续求产 24h，1～2h 计量一次，波动小于 10%； (2) 产液量：20～50t/d，连续求产 48h，2h 计量一次，波动小于 15%； (3) 产液量：< 20t/d，连续求产 72h，2～4h 计量一次，波动小于 15%； 不具备连续举升条件时，定深、定时、定压求产或流动曲线求产
气层	(1) 油管和套管分别控制放喷，将井内污物积液喷净后求产； (2) 试气期间取得一个高回压下稳定产量数据即可； (3) 若气水、气油同时出时，要先进行分离，然后求产，并应下压力计实测井底压力	(1) 产气量：≥ $50 \times 10^4 \text{m}^3/\text{d}$，井口压力及产量稳定时间 2h 以上，产量波动小于 10%； (2) 产气量：$10 \times 10^4 \sim 50 \times 10^4 \text{m}^3/\text{d}$，井口压力及产量稳定时间 4h 以上，产量波动小于 10%； (3) 产气量：< $10 \times 10^4 \text{m}^3/\text{d}$，井口压力及产量稳定时间 8h 以上，产量波动小于 10%

4.2.2.2.2 测压

测压就是通过井口压力表或井底压力计，了解在改变工作制度过程中的井底流动压力和关井恢复的静止压力。

4.2.2.2.3 取样

取样包括两个方面的内容。一是在新区新层等自喷井与非自喷井试油过程中，由井口收取地面油、气、水样品；二是自喷井在试油过程中，由井下采集高压物性（PVT）样品。取样要求与标准如下：

（1）高压物性取样前将井筒内脏物喷净，油井正常生产，油中含水率小于 5%，每次取样不得少于 4 个。

（2）自喷井和非自喷井求产稳定后，每层均应分别在井口取得油、气、水样品。

（3）高压物性样品：油中含水率小于 5%，饱和压力值相差不大于 2%，游离气小于 2mL，2 个平衡样相符。否则应予重取。

（4）地层水样品：两个样品水型一致，氯离子误差小于 10%。

（5）原油样品：两个样品相对密度差小于 0.005。

（6）天然气样品：含氧小于 2%，两个样品相对密度差小于 0.02。

4.2.2.2.4 油气水分析

油气水分析是原油性质分析、天然气组分分析、油田水常规分析的简称，是油田各类化验分析最基础的项目。通过对油气水样品分析，为研究生油环境、油气运移及储藏条件等提供资料，为油气生产及流程设计提供依据。

原油性质分析包括相对密度、黏度、凝固点、馏分、含水率、含砂量、含硫量、含胶质和沥青等。天然气组分分析包括氧气、氮气、二氧化碳、硫化氢、甲烷、乙烷、丙烷、正丁烷、异丁烷、正戊烷、异戊烷以及 C_{12} 以下微量气体含量分析。油田水常规分析包括常规离子分析（K^+、Na^+、Ca^{2+}、Mg^{2+}、Cl^-、$SO_4{}^{2-}$、$HCO_3{}^-$、$CO_3{}^{2-}$、OH^-）和微量元素分析（有机酸、铵、碘、溴、硼、铁）等。

4.3 射孔作业

射孔作业指由射孔队用电缆、油管将射孔枪输送到需要射孔的油气层井段，然后将射孔弹引爆，穿透套管及水泥环，并射进产层岩石一定深度，形成连接油气层和套管内通道的作业。

4.3.1 射孔方法

按射孔枪下井方式分为电缆输送射孔、过油管射孔、油管输送射孔 3 种方法，如图 4–15 至图 4–17 所示。

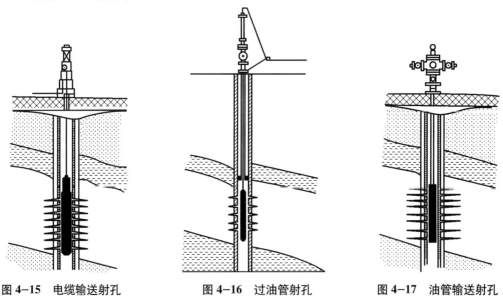

图 4–15 电缆输送射孔　　　　图 4–16 过油管射孔　　　　图 4–17 油管输送射孔

4.3.1.1 电缆输送射孔

电缆输送射孔是油田最早采用的一种射孔方法。在套管内，用电缆把射孔枪输送到目的层，进行定位射孔。射孔枪可以采用有枪身射孔枪或无枪身射孔枪。

4.3.1.2 过油管射孔

过油管射孔是在射孔前先把油管下到射孔井段上部，再用电缆输送小直径的射孔器，通过油管下放到射孔井段，在套管中定位射孔。射孔器可以采用有枪身射孔器和无枪身射孔器。

4.3.1.3 油管输送射孔

油管输送射孔简称 TCP，是把所要射开油气层的射孔枪全部连接后，连接在油管柱的尾端，形成一个硬连接的管串下入井中。通过在油管内测量放射性曲线或磁定位曲线进行校深，校深后调整管柱对准射孔层位采用多种引爆方式引爆射孔器。在大斜度井、水平井、高压气井、防砂井和低渗透地层的射孔作业等方面具有其他射孔技术所不具备的优点。

在油管输送射孔下井管串中，除了油管、起爆装置、射孔器等外，还包括碎石循环接头、压控安全接头、开孔装置、释放装置、枪间延期起爆装置和尾声弹等。

4.3.2 射孔基本工序

4.3.2.1 射孔井场准备

（1）电源准备。井场要备有 220V、50Hz、功率 12kW 以上的交流电源，射孔施工时应关闭手机、电焊机、对讲机、电台等射频设备。

（2）井口及井筒准备。井口要有封井器，井筒、油管均要彻底清洗干净，下入深度准确，备有足够的油管深度调整短节。过油管射孔时油管鞋处应装有喇叭口。

（3）射孔液准备。无固相优质射孔液或活性水在井筒内液面高度符合射孔设计要求。

4.3.2.2 射孔施工

（1）电缆射孔工序：摆车、吊装射孔井口装置、通井、套管接箍定位、装枪、连接枪、安装起爆器、下井、校深、引爆、回收枪、拆卸井口装置。

（2）油管传输射孔工序：组合管柱、连接射孔枪及工具、下射孔作业管柱、校深、调整油管、装射孔采油树、投棒或环空加压激发射孔。

4.4 测试作业

4.4.1 地面计量

地面计量也称地面测试，是在井场地面对地层油气水进行控制、处理、分离、计量，如图 4-18 所示。在自喷井测试过程中，为求得地层流体的井口压力、温度、产量等参数，需要建立一套临时生产流程，在一定的工作制度（油嘴）下，通过对流体流量、压力的控制及必要时对流体进行处理（化学剂注入、加热等），并借助于分离器将流体各相（油、气、水）分离开，分别精确计量，最终求得该工作制度下的油、气、水的产量和压力、温度等数据。

4.4.2 地层测试

地层测试又称钻杆测试，英文为 Drill Stem Testing，简称 DST。地层测试是在钻进过

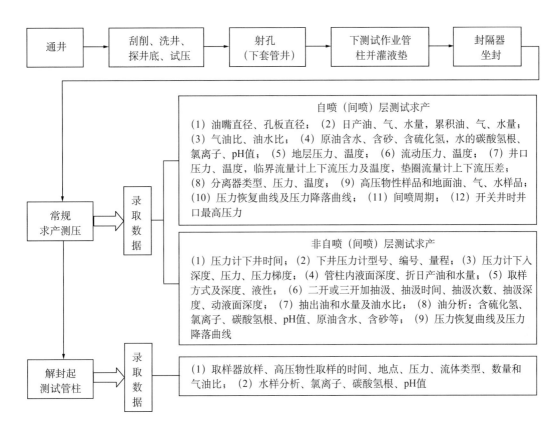

图 4-20 地层测试资料采集工序及录取数据

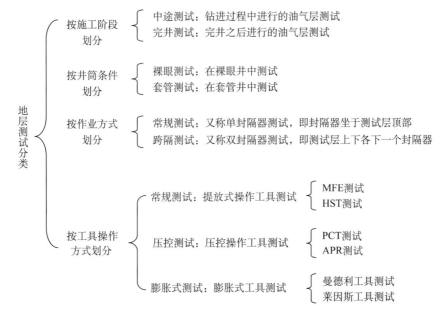

图 4-21 地层测试分类

4.4.2.1 MFE 地层测试

采用 MFE（Multi-Flow Evaluator）地层测试器进行地层测试。

4.4.2.1.1 MFE 地层测试管柱

MFE 地层测试管柱直径有 95mm（$3^3/_4$in）和 127mm（5in）两种尺寸，适用于测试不同尺寸的套管井和裸眼井。MFE 地层测试管柱有 5 种类型：MFE 裸眼单封隔器测试管柱、MFE 裸眼跨隔测试管柱、MFE 套管单封隔器测试管柱、MFE 套管剪销封隔器跨隔测试管柱、MFE 套管桥塞跨隔测试管柱，分别如图 4-22 至图 4-26 所示。

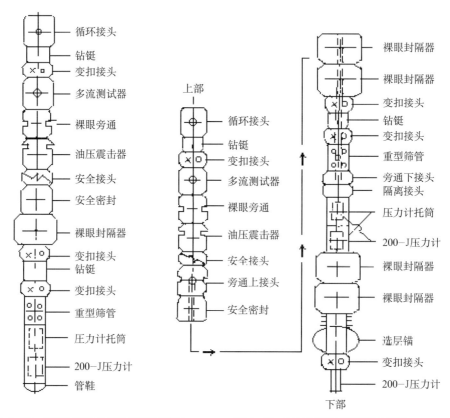

图 4-22　MFE 裸眼单封隔器测试管柱　　图 4-23　MFE 裸眼跨隔测试管柱

4.4.2.1.2 MFE 地层测试过程

MFE 地层测试器是一套完整的测试工具系统，包括多流测试器、旁通阀和安全密封封隔器等。MFE 地层测试工作分下井、流动、关井、起出 4 个步骤，如图 4-27 和图 4-28 所示。

（1）下井。下井时多流测试器测试阀关闭，旁通阀打开，安全密封不起作用，封隔器胶筒处于收缩状态。

（2）流动。测试工具下到井底后，封隔器胶筒受压膨胀，旁通阀关闭，经过一段时间

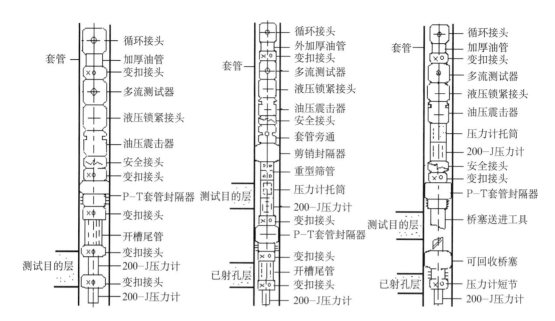

图 4-24 MFE 套管单封隔器测试管柱

套管 — 循环接头 / 加厚油管 / 变扣接头 / 多流测试器 / 液压锁紧接头 / 油压震击器 / 安全接头 / 变扣接头 / P-T 套管封隔器 / 变扣接头 / 开槽尾管 / 变扣接头 / 200-J 压力计 / 变扣接头 / 200-J 压力计

测试目的层

图 4-25 MFE 套管剪销封隔器跨隔测试管柱

套管 — 循环接头 / 外加厚油管 / 变扣接头 / 多流测试器 / 液压锁紧接头 / 油压震击器 / 安全接头 / 套管旁通 / 剪销封隔器 / 重型筛管 / 压力计托筒 / 200-J 压力计 / 变扣接头 / P-T 套管封隔器 / 变扣接头 / 开槽尾管 / 变扣接头 / 200-J 压力计

测试目的层 / 已射孔层

图 4-26 MFE 套管桥塞跨隔测试管柱

套管 — 循环接头 / 加厚油管 / 变扣接头 / 多流测试器 / 液压锁紧接头 / 油压震击器 / 压力计托筒 / 200-J 压力计 / 安全接头 / 变扣接头 / P-T 套管封隔器 / 桥塞送进工具 / 可回收桥塞 / 压力计短节 / 200-J 压力计

测试目的层 / 已射孔层

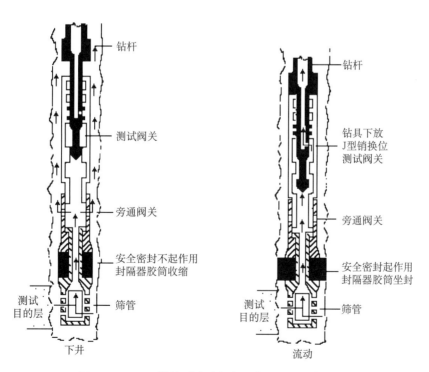

钻杆 / 测试阀关 / 旁通阀关 / 安全密封不起作用封隔器胶筒收缩 / 筛管 / 测试目的层 / 下井

钻杆 / 钻具下放 J 型销换位测试阀关 / 旁通阀关 / 安全密封起作用封隔器胶筒坐封 / 筛管 / 测试目的层 / 流动

图 4-27 MFE 地层测试过程中下井、流动示意图

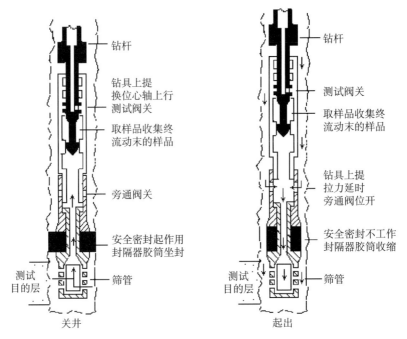

图 4-28 MFE 地层测试过程中关井、起出示意图

管柱出现"自由下落"现象，为测试阀打开显示。地层流体经筛管和测试阀流入钻杆，压力计记录流动压力变化，进入流动期。

（3）关井。关井恢复时，上提管柱到指重表读数有某一瞬间不增加时（此点称为"自由点"悬重），多流测试器心轴上行，继续上提管柱至超过"自由点"8.9～13.35kN 的拉力，立即下放管柱至原加压坐封负荷，在换位机构作用下，测试阀关闭，进入关井恢复期，压力计记录恢复压力，并把流动期结束时的地层流体收集到取样器内。上提换位操作时，旁通阀因向上延时作用保持关闭，安全密封受压差影响对封隔器起液压锁紧作用，封隔器保持密封。

流动和关井的次数视测试情况而定，其操作方法与上面相同。

（4）起出。关井结束后，上提管柱给旁通阀施加拉伸负荷，经过一段时间后，旁通阀打开，平衡封隔器上下方的压力，安全密封因无压差作用，失去锁紧功能，恢复到下井状态，封隔器的胶筒收缩，测试阀仍然关闭，即可解封将测试工具安全地起出井眼。

4.4.2.2 HST 地层测试

HST（Hydrospring Tester）是一种液压弹簧地层测试器，它有常规和全通径两种类型。HST 地层测试工具直径有 98.4mm（$3^7/_8$in）和 127mm（5in）两种尺寸，适用于测试不同尺寸的套管井和裸眼井。HST 地层测试一般主要用在高温、深井中，HST 全通径测试工具一般用于大产量井测试。

HST 测试器工作原理和过程与 MFE 测试器相同，是靠上提、下放钻柱来开关测试阀。下井时测试阀处于关闭状态，下至预定位置，下放钻具加压 22.24～133.45kN 的负荷，经过一段延时，测试阀打开，并有钻具"自由下落"38.1mm 的开启显示。流动测试完后，上提管柱至"自由点"悬重，并提完 152.4mm 的自由行程，然后下放加压即可关井。重复上述操作，可达到多次开关井的目的。测试管柱如图 4-29 至图 4-32 所示。

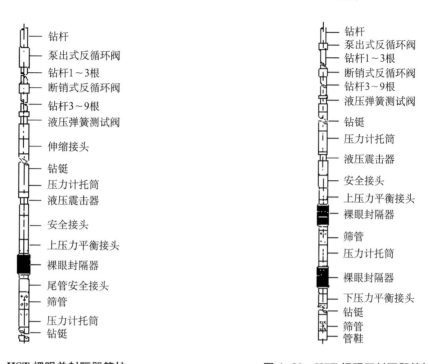

图 4-29　HST 裸眼单封隔器管柱

钻杆
泵出式反循环阀
钻杆1～3根
断销式反循环阀
钻杆3～9根
液压弹簧测试阀
伸缩接头
钻铤
压力计托筒
液压震击器
安全接头
上压力平衡接头
裸眼封隔器
尾管安全接头
筛管
压力计托筒
钻铤

图 4-30　HST 裸眼双封隔器管柱

钻杆
泵出式反循环阀
钻杆1～3根
断销式反循环阀
钻杆3～9根
液压弹簧测试阀
钻铤
压力计托筒
液压震击器
安全接头
上压力平衡接头
裸眼封隔器
筛管
压力计托筒
裸眼封隔器
下压力平衡接头
钻铤
筛管
管鞋

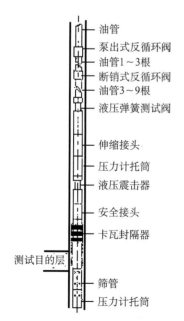

图 4-31　HST 套管单封隔器管柱

油管
泵出式反循环阀
油管1～3根
断销式反循环阀
油管3～9根
液压弹簧测试阀
伸缩接头
压力计托筒
液压震击器
安全接头
卡瓦封隔器
测试目的层
筛管
压力计托筒

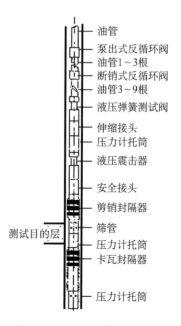

图 4-32　HST 套管双封隔器管柱

油管
泵出式反循环阀
油管1～3根
断销式反循环阀
油管3～9根
液压弹簧测试阀
伸缩接头
压力计托筒
液压震击器
安全接头
剪销封隔器
筛管
压力计托筒
卡瓦封隔器
测试目的层
压力计托筒

钻井工程工艺（第二版）

4.4.2.3 APR 全通径地层测试

APR（Annular Pressure Responsive）全通径地层测试工具是一种压控式测试工具，只在套管内使用，在测试管柱不动的情况下，由环形空间压力控制测试阀，实现多次开关井。测试管柱如图 4-33 所示。APR 全通径地层测试过程分下井、流动、关井、反循环、起出 5 个步骤。

4.4.2.4 PCT 全通径地层测试

PCT（Pressure Controlled Test System）测试工具是一种压控式测试工具，有两种型式。一种是常规 PCT 测试工具，与 MFE 测试工具很近似；另一种是全通径 PCT 测试工具。测试管柱如图 4-34 所示。PCT 地层测试过程分下井、坐封、开井流动、关井恢复、循环压井、起钻 6 个步骤。

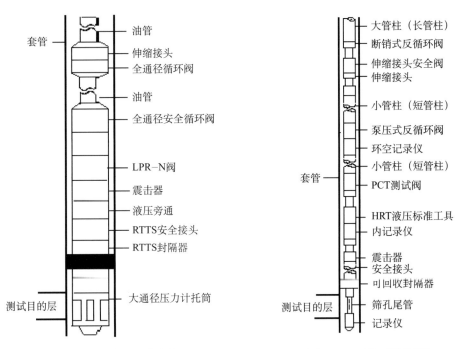

图 4-33　APR 全通径地层测试管柱　　　　图 4-34　PCT 测试管柱

4.4.2.5 膨胀式测试

膨胀式测试就是用膨胀式封隔器进行地层测试。膨胀式测试主要用于测试井径不规则的裸眼井。膨胀式测试有曼德利式膨胀测试工具和莱因斯式膨胀测试工具两种，两种测试工具的结构特点基本相同。

以莱因斯式膨胀测试工具进行说明。莱因斯测试管柱分为单封隔器测试管柱和双封隔器测试管柱两种，如图 4-35 和图 4-36 所示。莱因斯式膨胀测试由下井坐封、开井流动、关井测压、解封起钻 4 个步骤完成，如图 4-37 至图 4-40 所示。

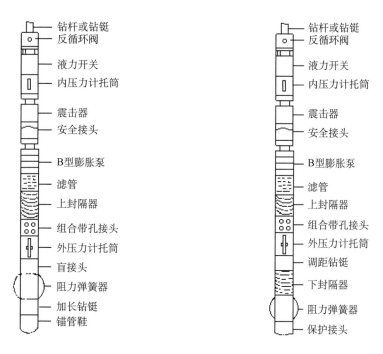

图4-35 莱因斯裸眼单封隔器测试管柱　　　图4-36 莱因斯裸眼双封隔器测试管柱

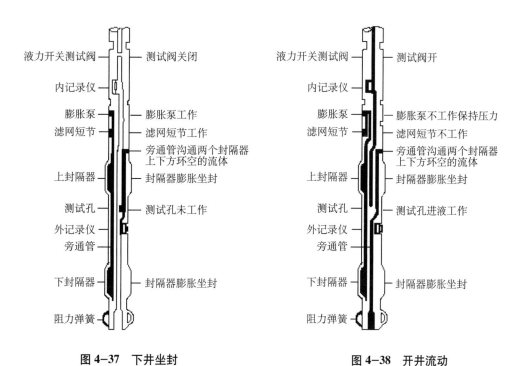

图4-37 下井坐封　　　　　　　　图4-38 开井流动

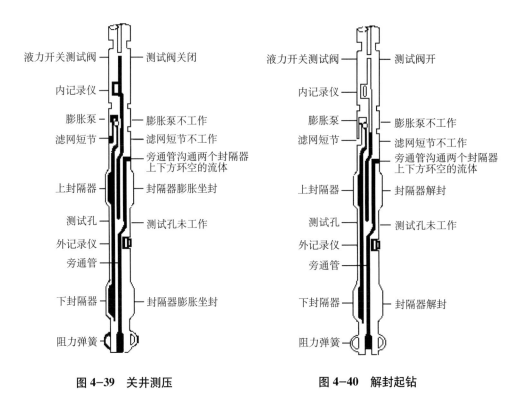

图 4-39　关井测压　　　　　　　　图 4-40　解封起钻

（1）下井坐封。下井时液压开关测试阀关闭，旁通通道沟通两个封隔器上下方的流体，封隔器胶筒处于收缩状态。测试工具下至预定位置后，向右旋转钻具以 60～80r/min 速度转动膨胀泵，膨胀泵以 38L/min 的排量将其过滤的环空钻井液吸入，充到两个封隔器胶筒中，使其膨胀坐封。

（2）开井流动。下放钻具加压 66.72～88.96kN，液压开关工具经延时一段时间，打开测试阀，地层流体经组合开孔接头、测试阀进入钻杆，进行流动测试。

（3）关井测压。上提钻具，对液压开关施加 8.90～22.24kN 的拉力负荷，测试阀即可关闭，进行关井测压。这样重复上提下放操作，可进行多次开关井测试。

（4）解封起钻。测试完后，下放钻具给膨胀泵加压 22.24kN，再向右旋转 1/4 圈，使膨胀泵离合器接合，钻具自由下落 50.8mm，推动阀滑套下行，泵处于平衡泄压位置，充压膨胀通道与环空连通，封隔器上下井段环空压力平衡。上提 8.90～22.24kN 的拉力，把膨胀泵的心轴向上提起，让阀滑套留在下部位置，封隔器胶筒则收缩解封，起钻。

4.4.2.6　资料解释评价

地层测试得到的资料通常包括地层流体的物理性质（高压物性）、采出量、流动时间、开井时间、关井时间和显示实测井底压力的井底压力—时间卡片。其中，地层测试压力卡片定性分析和压力曲线的解释是地层测试资料解释评价的主要内容。

4.4.2.6.1　地层测试压力卡片

地层测试大多数采用二次开关井测试工艺，即初开井、初关井、二次开井、二次关井4 个阶段。初开和初关为一个周期，二开、二关为另一个周期。这种测试所获得的压力卡片曲线为标准二次流动二次关井地层测试压力卡片曲线，如图 4-41 所示。图中纵坐标为压力轴线，横坐标为时间轴线。

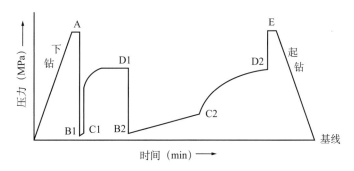

图 4-41　标准二次流动、二次关井地层测试压力卡片曲线示意图

通过压力曲线描述测试过程为：下钻，A 为初静液柱压力；A—B1 表示测试阀打开，B1 为初流起始压力；B1—C1 表示初流动，C1 为初流终止压力；C1—D1 表示初关井压力恢复，D1 为初关井压力；D1—B2 表示二开，B2 为二次流动起始压力；B2—C2 表示终流动，C2 为二次流动终止压力；C2—D2 表示二次关井压力恢复，D2 为二次关井压力；D2—E 表示封隔器解封，E 为终静液柱压力；起钻。

4.4.2.6.2　各阶段压力曲线的含义

（1）基线（压力零线）：是衡量压力卡片曲线各压力点的基准线。

（2）工具起、下钻线：是一条反映起下钻过程中工具所处深度的液柱压力线，正常状况下是一条随下入深度变化的阶梯曲线。

（3）开井流动曲线：反映不同开井时间的液柱高度、测试层产出状况、产量大小，曲线幅度随产量大小曲线曲率发生变化。

（4）关井压力恢复曲线：反映地层压力恢复能力。

4.4.2.6.3　压力曲线的常规解释方法

压力曲线的解释方法分为常规分析和图版拟合分析两大类。常规方法都采用霍纳法分析，根据半对数分析图中直线性质计算地层参数。图版拟合分析是使用各种样板曲线图版进行手工或计算机拟合，从测试资料与图版曲线的拟合值计算地层参数。借助计算机的资料解释也是利用上述两种方法。

4.4.2.6.4　地层测试报告

由地层测试现场报告、地层测试资料解释成果报告两部分内容组成。

地层测试现场报告内容包括：(1) 测试井基本数据；(2) 测试井段数据；(3) 井下工具数据；(4) 地面数据；(5) 地面回收数据；(6) 取样器数据；(7) 地面流程测试；(8) 压力数据；(9) 抽汲数据；(10) 射孔数据。

地层测试资料解释成果报告内容包括：(1) 测试井基本数据；(2) 测试录取资料数据；(3) 测试取样分析数据；(4) 测试成果数据；(5) 评价与建议；(6) 附图（实测压力历史图、初关井霍纳分析图、终关井霍纳分析图、终关井双对数分析图）；(7) 实测时间—压力数据表。

4.4.3 试井作业

4.4.3.1 试井作业内容

用高精度井下压力计、温度计录取油气井井底压力、温度等数据，结合地面记录的产量数据，借助渗流力学理论和相应的计算机解释软件，对以压力为主的测试资料进行分析解释，以求得油气藏地质参数和试油工艺参数。试井贯穿于油气田勘探开发全过程，从油气田第一口发现井，到详探井的试油试气，到油气田开发方案制订，到试采井的试采，到油气田开发过程中的动态监测及调整井的安排，都需要用试井方法进行测试和分析，做出生产安排。

4.4.3.2 资料录取方法

试井录取资料以井下压力和温度为主。主要录取方法是把井下压力计、温度计从井筒内下放到油气层中部或相关位置，连续记录压力、温度随时间变化数据。具体方法如下：

(1) 用试井钢丝或试井电缆把井下电子式压力计、井下机械式压力计、井下温度计下放到井测试位置进行测量。

(2) 随同井下测试工具一起下放到井筒内进行测量。

(3) 安装到井下泵或其他测试管柱上，下放到井内长期监测。

(4) 通过测压毛细管把井下压力信号传输到井口，在地面加以测量记录。

(5) 将压力计安装到井口位置记录井口压力，再折算出井底压力。

4.4.3.3 试井基本工序

试井工序主要分为试井设计、试井施工和资料分析解释 3 个阶段，如图 4-42 所示。

4.5 压裂作业

压裂是油气层水力压裂的简称，是一种储层改造工艺措施。通过压裂设备向油气层高压注入压裂液，当压力增高到大于油气层破裂所需要的压力时，油气层会形成一条或几条水平或垂直的裂缝，加入支撑剂（砂或陶粒等），防止停泵后裂缝闭合，增大排流面积，降低液体流动阻力，达到使油气井增产的目的。图 4-43 是压裂施工示意图，图 4-44 是压裂过程中裂缝形成过程示意图。

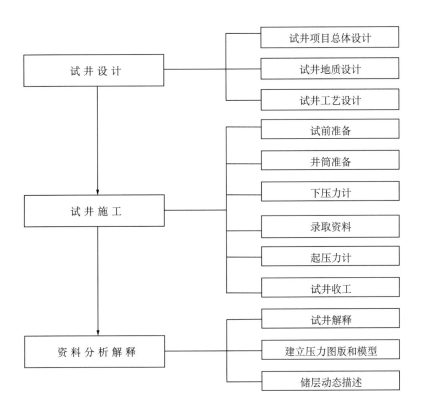

图4-42 试井作业基本流程和工作内容

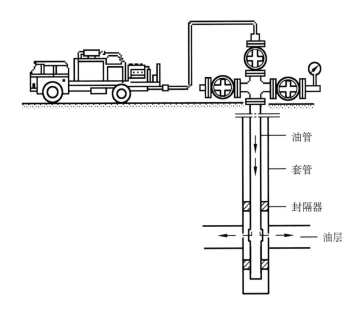

图4-43 压裂施工示意图

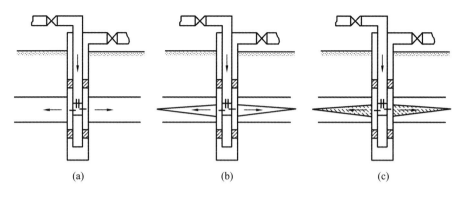

图 4-44　压裂过程中裂缝形成过程示意图

（a）形成高压；（b）造成裂缝；（c）充填支撑剂

4.5.1　压裂作业内容

压裂作业可分为压裂设计、压裂施工和压后管理 3 个阶段。压裂作业工作流程和基本内容如图 4-45 所示。

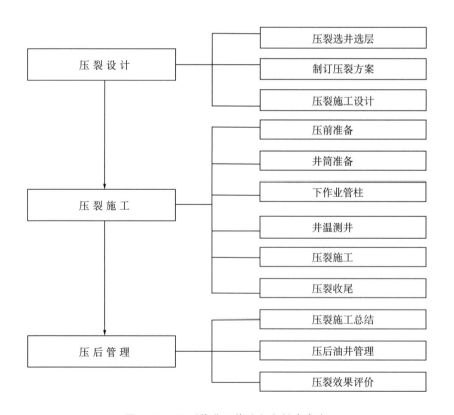

图 4-45　压裂作业工作流程和基本内容

4.5.1.1 压裂施工主要工序

（1）压前准备。道路和井场、油管、井下工具准备，上罐，备液，现场配液，备料，地面流程安装等。

（2）井筒准备。通井，刮削，洗井，探底，填砂封堵等。

（3）下作业管柱。下压裂管柱，试压，冲洗炮眼，安装压裂井口等。

（4）测井温。

（5）测试压裂。

（6）压裂施工。

（7）压裂收尾。清罐，收罐，倒残液等。

4.5.1.2 压裂车组施工工序

摆车接管线 —→ 循环排空 —→ 管汇试压 —→ 测试压裂 —→ 泵前置液 —→ 加砂压裂 —→ 顶替 —→ 拆管线收车。图 4-46 为压裂施工井场设备摆放示意图。

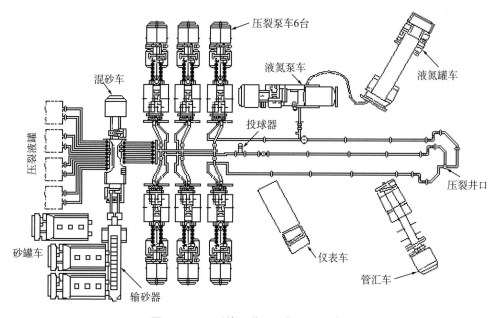

图 4-46 压裂施工井场设备摆放示意图

4.5.2 压裂作业类型

按压裂方式划分为全井合压（又称笼统压裂）、分层压裂（分层选择性压裂）两种；按压裂液类型划分为水基压裂液压裂、油基压裂液压裂、泡沫压裂液压裂、清洁胶束压裂液压裂、乳状压裂液压裂、酸基压裂液压裂、醇基压裂液压裂和高能气体压裂。

4.5.3 压裂作业管柱

压裂作业管柱主要分为全井合压管柱、分层压裂管柱、临堵球分层压裂管柱 3 类。

4.5.3.1 全井合压管柱

全井合压管柱分为光套管压裂管柱、光油管压裂管柱、单封隔器保护套管压裂管柱 3 种类型，分别如图 4–47 至图 4–49 所示。

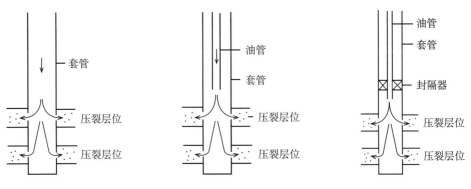

图 4–47 光套管压裂管柱　　图 4–48 光油管压裂管柱　　图 4–49 单封隔器保护套管
压裂管柱

4.5.3.2 分层压裂管柱

分层压裂管柱分为单封隔器分层压裂管柱、单封隔器与填砂分层压裂管柱、单封隔器与桥塞组合分层压裂管柱 3 种类型，分别如图 4–50 至图 4–52 所示。

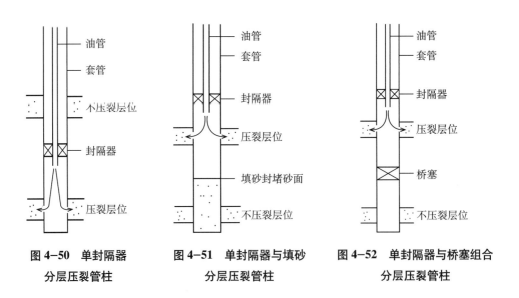

图 4–50 单封隔器　　　图 4–51 单封隔器与填砂　　图 4–52 单封隔器与桥塞组合
分层压裂管柱　　　　　分层压裂管柱　　　　　　分层压裂管柱

4.5.3.3 临堵球分层压裂管柱

（1）光油管或单封隔器先投临堵球分层压裂管柱。主要用于被压裂油气层之间夹层比较薄，经测产液剖面，知其中有的油气层产量少或无产量，可采用先投临时堵球，将产量较高的油气层段进行堵塞，然后压开不生产的油气层井段，如图 4-53 和图 4-54 所示。

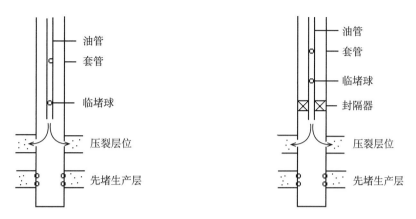

图 4-53　光油管先投临堵球压裂管柱　　　　图 4-54　单封隔器先投临堵球压裂管柱

（2）临时堵塞球与单封隔器配合分层压裂管柱。主要用于油气层间夹层能坐单封隔器，先分压下部油气层组；压裂后上提封隔器到上部油气层以上，再投球封堵下部井段，对上部井段进行分压，如图 4-55 所示。

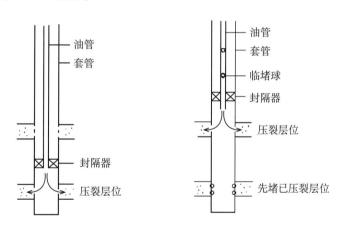

图 4-55　临时堵塞球与单封隔器配合分层压裂管柱

（3）全井筒合压后再投球分层压裂管柱。主要用于被压油气层组压前产量比较低，可先进行全井筒合压，压开一个油层组后投球，将已压开油层临时封堵，再分层压裂另一个油层组。可采用光油管或单封隔器压裂管柱。

4.6　酸化作业

酸化是油气层酸化的简称，是一种储层改造工艺措施。将配置好的酸液通过油管注入油气层中，溶解油气层中的堵塞物和碳酸盐岩、钙质胶结物等，从而降低油气渗流阻力，达到增产增注的目的。

4.6.1 酸化作业内容

酸化作业可分为酸化设计、酸化施工和酸后管理 3 个阶段。酸化作业工作流程和基本内容如图 4-56 所示。

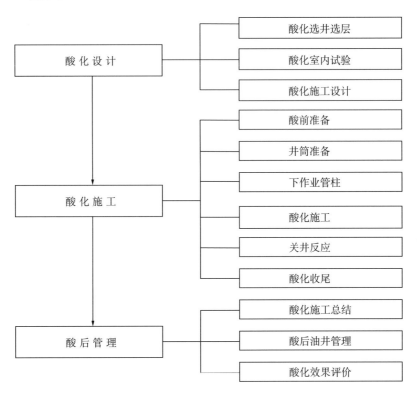

图 4-56 酸化作业工作流程和基本内容

4.6.1.1 酸化施工主要工序

（1）酸前准备。道路和井场、油管、井下工具准备，上罐，备液，配酸，备料，地面流程安装等。

（2）井筒准备。通井，刮削，洗井，探底等。

（3）下作业管柱。下酸化管柱，试压，安装酸化井口等。

（4）酸化施工。

（5）关井反应。

（6）酸化收尾。清罐，收罐，倒残液等。

4.6.1.2 酸化车组施工工序

摆车接管线 → 循环排空 → 管汇试压 → 低压替酸 → 启动封隔器 → 挤酸 → 挤顶替液 → 拆管线收车。图 4-57 为酸化施工井场设备摆放示意图。

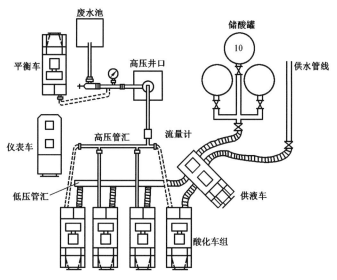

图 4-57 酸化施工井场设备摆放示意图

4.6.2 酸化作业类型

按注酸压力与处理层岩石破裂压力的关系划分为基质酸化（也称常规酸化、解堵酸化、孔隙性酸化）和压裂酸化（也称酸压）；按工作液划分为常规酸化（一般指基质酸化）、高浓度酸酸化、前置液酸压裂、泡沫酸酸化、乳化酸酸化、胶凝酸酸化、降阻酸酸化、指进酸酸化、有闭合酸化、等密度酸酸化、二元酸酸化；按注入方式划分为分层酸化、空井酸化。

4.6.3 酸化作业管柱

酸化作业管柱分为光油管酸化管柱和分层酸化管柱两种。图 4-58 和图 4-59 是使用两个和 3 个封隔器与节流器、滑套等组合成的分层酸化管柱。

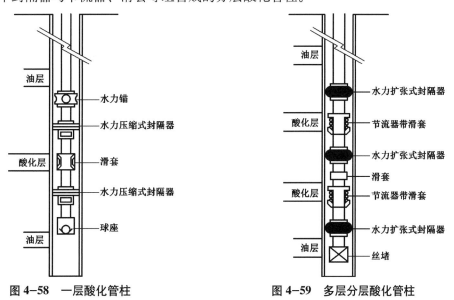

图 4-58 一层酸化管柱　　　　图 4-59 多层分层酸化管柱

4.7 其他作业

4.7.1 安全环保处理

4.7.1.1 安全环保用车

完井作业危险性比较大，往往需要放喷点火，有时井内含有硫化氢、一氧化碳等有毒有害气体，因此常常需要配备消防车、救护车。

4.7.1.2 废液处理

完井作业过程中排出的各种洗井液、射孔液、压裂液、酸液和地层中的油气水均要进行环保处理。有时配备污水处理装置，经过处理达标后排放。有时需要用罐车拉到指定地点集中处理后排放。

4.7.1.3 垃圾处理

所有工业垃圾、生活垃圾全部回收，运到指定地点处理。

4.7.1.4 边远试油井完井规定

获产能的边远试油井按临时封井处理，应在产层上部、套管固井水泥返深段以下下桥塞或打悬空水泥塞封闭。装好简易井口后，用预制的水泥盖扣住并做好明显标记，待该区投入开发或试采时再启用。未获产能井应按有关规定进行永久封井、弃井处理。

4.7.1.5 其他问题处理

处理完与当地有关方面的土地、道路、污染等问题。

4.7.2 地貌恢复

完井工程完成后，按环保要求进行掩埋污水池、平整场地等标准化建设，做到工完料净场地清，井场平整无积污，并进行植被恢复。

4.8 完井工程队伍人员

4.8.1 完井作业定员

按完井作业的施工管理方式不同，一般可分为以下几种队型：一是全队员工全部在井场工作、生活，使用通井机或修井机作为施工动力，称之为驻井作业队；二是少数员工在井场工作、生活，使用通井机或修井机作为施工动力，称之为非驻井作业队；三是钻井队即为试油队，使用钻机作为施工动力，称之为原钻机试油队；四是钻井队人员提供试油期间井口及起下钻服务，使用钻机作为施工动力，其他岗位为试油队员工，称之为配合原钻机试油队。通常情况下，前两种管理方式居多。

一般情况下，作业队和试油队由管理人员、工程技术人员、作业工等岗位构成，各岗位数量及人数与队型有关。中国石油天然气集团公司企业标准 Q/SY 11027—2016《井下作业工程劳动定员》中修井、作业小队岗位配备标准见表4-7，部分油田作业队（试油队）定员见表4-8。

表4-7 修井、作业小队岗位配备标准

岗位	合计（人）	队部（人）								小队班数及岗位配置（人）								
		小计	队长	书记	副队长兼安全员	工程技术员	地质技术员	经管员	野外炊事员	小计	班数	岗位						
												班长	一岗	二岗	三岗	四岗	作业机司机	司炉工
修井	35	7	1	1	1	1	1	1	1	28	4	1	1	1	1	1	1	1
作业	30	6	1	1	1	1		1	1	24	4	1	1	1	1	1	1	

注：各单位可按实际情况定员。

表4-8 部分油田作业队（试油队）定员

岗位		X油田	L油田	D油田	C油田	
队部（人）	小计	6	4	4	3	3
	队长	1	1	2	1	1
	指导员	1	1	1		
	副队长	1			1	1
	工程技术员	1	1	1		
	地质技术员	1	1		1	1
	机械技术员	1				
作业班（人）	小计	20	23	12	7	8
	班长	4	4	2	1	1
	副班长	4	3			1
	井口工	8	4	6	4	4
	场地工	4	4	2		
	资料员		4		1	1
	作业机手		4	2	1	1
大班（人）	小计	2	4	1	2	2
	大班司机		4	1	1	1
	经管员	1			1	1
	材料员	1				

续表

岗位		X 油田	L 油田	D 油田	C 油田	
住井 （人）	小计	8		1	1	1
	炊事员	4		1	1	
	发电工	4				1
合计（人）		36	31	18	13	14
备注		修井机	通井机	通井机、XJ350 和 XJ450 修井机	通井机试油	通井机和 XJ550 修井机试气

4.8.2 射孔作业定员

射孔作业定员见表 3-30。

4.8.3 测试作业定员

4.8.3.1 地面计量定员

地面计量作业定员见表 4-9。

表 4-9 地面计量队定员

序号	按岗位定员		按设备定员	
	岗位	人数（人）	设备名称	人数（人）
1	队长兼 HSE 监督员	1	分离器	2
2	工程技术员	1	环保罐	0.5
3	资料技术员	1	计量罐	0.5
4	操作工	2	加热器	2
5	计量工	2	油嘴管汇	1
6	仪表工	1	热交换器	1
7	锅炉工	2	紧急开关系统	1
8			数据采集系统	1
9			燃烧器	1
10	合计	10	合计	10

4.8.3.2 地层测试定员

部分油田地层测试队定员见表 4-10。

表 4-10 部分油田地层测试队定员

序号	岗位	单位	X 油田	C 油田	T 油田		
1	队长	人	1	1	1	1	1
2	主操作手	人	1	1	1	1	1
3	资料员	人	1	1	1	1	1
4	测试工	人	3	3	1	2	2
5	合计	人	6	6	4	5	5
6	备注				MFE 常规测试	膨胀测试	APR 测试

4.8.3.3 试井作业定员

试井队定员见表 4-11。

表 4-11 试井队定员

序号	岗位	单位	人数
1	队长	人	1
2	主操作手	人	1
3	绞车工	人	1
4	井口工	人	1
5	资料员	人	1
6	合计	人	5

4.8.4 压裂作业定员

压裂作业定员分为队部管理人员定员和设备定员两部分。

4.8.4.1 压裂队部定员

部分油田压裂队部定员见表 4-12。

表 4-12 部分油田压裂队部定员

序号	岗位	单位	T 油田	X 油田	C 油田	A 油田
1	队长	人	1	1	2	2
2	指导员	人	1	1	1	1
3	副队长	人	2	2		
4	工程师	人	1		1	
5	技术员	人	2	2	1	5

序号	岗位	单位	T 油田	X 油田	C 油田	A 油田
6	安全员	人	1	1	1	
7	统计员	人	1	1		
8	材料员	人	1	1	1	1
9	技师	人	1		1	
10	合计	人	11	9	8	9

4.8.4.2　压裂设备定员

表 4-13 给出了中国石油天然气集团公司企业标准 Q/SY 1067—2012《井下作业劳动定额》中的压裂单台设备定员。表 4-14 和表 4-15 分别给出了两个油田压裂设备定员情况。

表 4-13　压裂单台设备定员

序号	设备名称	单位	合计	驾驶员	柴油司机	主操作手	作业工	其他
1	1050 型压裂车	人	3	1		1	1	
2	1400 型、2000 型、2500 型压裂车	人	4	1	1	1	1	
3	仪表车（配合 1050 型）	人	3	1		2		
4	仪表车（配合 1400 型、2000 型、2500 型）	人	4	1		2	1	
5	高压管汇车（配合 1050 型）	人	4	1			3	
6	高压管汇车（配合 1400 型、2000 型）	人	7	1		2	4	
7	高压管汇车（配合 2500 型）	人	10	1		2	7	
8	混砂车（配合 700 型）	人	3	1	1	1		
9	混砂车（配合 1050 型、1400 型）	人	4	1	1	1	1	
10	混砂车（配合 2000 型、2500 型）	人	6	1	1	2	2	
11	低压管汇车	人	7	1		1	5	
12	交联泵车	人	5	1	1	1	1	1
13	配液车	人	3	1		1	1	
14	连续混配车	人	5	1	1	1	1	1
15	700 型水泥车	人	3	1		1	1	
16	吊车	人	2	1		1		
17	运液（酸）车	人	2	1			1	
18	拉运储罐车	人	2	1			1	
19	供液车	人	3	1	1		1	
20	发电车	人	2	1	1			
21	工程指挥车	人	1	1				
22	工程修理车	人	3	1				2
23	工程试验车	人	3	1				2
24	工程交通车	人	1	1				

表 4-14 A 油田压裂设备定员

序号	设备名称	单位	合计	司机	柴油司机	主操作手	作业工	其他
1	700 型压裂车	人	2	1	1			
2	1050 型压裂车	人	3	1	1	1		
3	1400 型压裂车	人	3	1	1	1		
4	2000 型压裂车	人	3	1	1	1		
5	仪表车 (配 700 型)	人	3	1		2		
6	仪表车 (配 1050 型)	人	3	1		2		
7	仪表车 (配 1400 型)	人	3	1		2		
8	仪表车 (配 2000 型)	人	3	1		2		
9	高压管汇车 (配 700 型)	人	3	1			2	
10	高压管汇车 (配 1050 型)	人	4	1			3	
11	高压管汇车 (配 1400 型)	人	4	1			3	
12	高压管汇车 (配 2000 型)	人	4	1			3	
13	混砂车 (配 700 型)	人	3	1	1	1		
14	混砂车 (配 1050 型)	人	4	1	1	1	1	
15	混砂车 (配 1400 型)	人	4	1	1	1	1	
16	混砂车 (配 2000 型)	人	4	1	1	1	1	
17	低压管汇车	人	3	1			1	1
18	交联泵车	人	5	1	1	1	1	1
19	配液车	人	2	1	1			
20	配酸车	人	2	1	1			

表 4-15 T 油田压裂设备定员

序号	设备名称	单位	合计	司机	主操作手	作业工
1	1000 型压裂车	人	4	1	1	2
2	1500 型压裂车	人	4	1	1	2
3	2000 型压裂车	人	4	1	1	2
4	仪表车 (配合 1000 型)	人	3	1	2	
5	仪表车 (配合 1500 型)	人	3	1	2	
6	仪表车 (配合 2000 型)	人	3	1	2	
7	高压管汇车 (配合 1000 型)	人	4	1	1	2
8	高压管汇车 (配合 1500 型)	人	4	1	1	2
9	高压管汇车 (配合 2000 型)	人	4	1	1	2
10	混砂车 (配合 1000 型)	人	3	1	2	

序号	设备名称	单位	合计	司机	主操作手	作业工
11	混砂车（配合 1500 型）	人	3	1	2	
12	混砂车（配合 2000 型）	人	3	1	2	
13	低压管汇车	人	4	1	3	
14	交联泵车	人	3	1	1	1
15	配液车	人	8	1	1	6
16	配酸车	人	8	1	1	6
17	砂罐车	人	2	1	1	
18	水罐车	人	2	1	1	
19	酸罐车	人	2	1	1	
20	交通车	人	1	1		
21	指挥车	人	1	1		

4.8.5 酸化作业定员

酸化队和压裂队定员基本一致，分为队部管理人员定员和设备定员两部分，详见"4.8.4 压裂作业定员"。

4.9 完井工程设备工具

4.9.1 完井作业主要设备

4.9.1.1 通井机和作业井架

通井机是完井作业时的起升设备，与作业井架配套，可进行起下钻杆、油管、抽油杆以及抽汲、打捞及清理井底等作业。通井机主要由行走系统、动力系统、传动系统、提升系统、液气电控制系统组成，按行走方式分为履带式、轮式和车载式通井机 3 大类。图 4-60 为履带式通井机。

作业井架是用于承载并且能顺利起下管柱和井下工具的支撑架，主要由天车、井架主体和井架底座组成。常用作业井架技术参数见表 4-16。

图 4-60 履带式通井机

表4-16 常用作业井架技术参数

序号	井架型号	额定负荷（kN）	高度（m）	质量（t）	配套天车	适用井深（m）
1	JJ50/18-W	500	18.28	3.65	TC-50	1900~3000
2	JJ50/29-W	500	29.25	7.40	TC-50	2300~3600
3	JJ80/21-W	800	21.30	5.16	TC-2-1	3700~5700
4	JJ80/29-W	800	29.00	6.87	TC-80	3700~5700

图4-61 修井机

4.9.1.2 修井机

修井机是安装在特殊汽车底盘上用于进行起下、循环、旋转等作业的成套设备（图4-61），主要由底盘系统、动力系统、绞车系统、井架系统、控制系统和附件6部分组成。

4.9.1.3 连续油管车

连续油管车是向油井中生产套管或生产油管内下入或起出连续油管的作业设备。连续油管缠绕在作业机的滚筒上以便于移动和作业。图4-62为连续油管车和液氮车排液求产作业现场。

图4-62 连续油管车和液氮车排液求产

4.9.2 射孔作业主要设备

各油田射孔作业设备配套有所不同，表4-17为部分油田射孔作业设备配套情况。

表 4-17　部分油田射孔队作业设备配套

序号	设备名称	计量单位	C 油田	X 油田	T 油田
1	地面仪器	套	1	1	1
2	仪器车	辆	1	1	1
3	工程车	辆	1	1	1
4	枪弹车	辆	1	1	1
5	抗震伽马仪	支	2		
6	自然伽马仪	支	2		2
7	磁定位仪	支	2		2
8	钻进式取心仪	支	1		
9	自备发电机	台	1	1	
10	打捞工具	套	1		
11	三参数测井仪	支			2

4.9.2.1　地面仪器

射孔仪是用来进行油气井射孔时使用的地面控制设备，与井下的磁性定位器配合或与电极系列配合，可以测出磁性定位曲线（套管接箍曲线），用以确定射孔深度。通过仪器控制系统和井下设备相配合，即可对目的层进行射孔。

4.9.2.2　电缆绞车

射孔电缆绞车是射孔施工时起下电缆、井下仪器及射孔器的动力设备。设备型号比较多，对电缆的最大提升力介于 25～50kN 之间。有的电缆滚筒可缠直径 5.6mm 电缆 7000m，有的可缠直径 12.7mm 电缆 3500～7750m。根据射孔井深的需要选择射孔电缆绞车。

4.9.2.3　电缆

电缆的作用是连接下井仪器和射孔器，并把下井仪器所产生的信号传输到地面，以及通电引爆射孔器。由于电缆要承受井下仪器和射孔器的拉伸和传导电流，所以要求电缆要有一定的抗拉强度，并且电缆芯要绝缘。目前使用的是钢丝铠装高温电缆，多是七芯和单芯的，也有三芯、四芯电缆。

4.9.3　测试作业设备工具

4.9.3.1　地面计量设备工具

4.9.3.1.1　井口装置

通常地面计量井口装置采用普通采油树。采油树是控制油气井生产的主要设备，由四通、悬挂器、总阀门、套管阀门、生产阀门、清蜡阀门和油嘴等组成。

4.9.3.1.2　数据头

数据头在测试时用来采集井口压力和温度数据，并在需要时在此注入化学药剂。通常连接在油嘴管汇的进出口处，根据其连接位置不同分为上游数据头和下游数据头。地面计量数据头多为防硫材质，上游数据头工作压力为 105MPa，下游数据头工作压力为 35MPa。

4.9.3.1.3　油嘴管汇

通过固定油嘴或可调油嘴对地层流体进行节流减压。一般为双翼式，分别安装可调式油嘴和可更换式固定油嘴。标准的油嘴管汇配备有 50.8mm 固定油嘴和 50.8mm 可调式油嘴，主要类型为五阀组油嘴管汇。

4.9.3.1.4　加热器

加热器将原油、天然气、油水混合物、油气水混合物加热至工艺所需要温度，满足流体在管阀中正常流动和在分离器中正常分离。按热传导方式分为直接蒸汽热交换器和间接式热交换器，按结构分为管式加热器和火筒式加热器，按使用的燃料分为燃油加热器、燃气加热器和燃油燃气加热器。陆上油气田多采用火筒式间接加热器，俗称水套炉。

4.9.3.1.5　三相分离器

三相分离器是在地面使地层流体中的油、气、水三相分离并准确计量其产量的装置，分为立式、卧式、球形 3 种型式。三相分离器是地面测试的基础和核心设备。立式三相分离器通常用于中等或较低油气比的情况，若原油含砂、盐、石蜡时，对固态物质的清洗、排放较为方便。卧式三相分离器经济而有效地用于各种情况，特别是在处理油气比高、气体或液体流量大、泡沫原油更为有利。球形三相分离器多用作天然气分离。

4.9.3.1.6　计量管汇及仪表

在地面测试计量作业时，为地层流体提供流动通道的管汇及各种计量仪表。计量管汇主要用于引导油、气、水在地面的定向流动和设备间的联通，由直管、弯管、活动弯头、死弯头、变径接头和管汇组成，通常有 105MPa、70MPa、35MPa、10MPa 等压力级别。油水计量通常采用腰轮流量计、椭圆齿轮流量计和刮板流量计，气体多采用孔板流量计计量。

4.9.3.1.7　计量罐

用于准确计量地层产出液体体积的标准计量装置。连接在三相分离器的下游，对带压流体经过二次分离测定液体的准确体积，可在现场标定分离器的流量计量，也可单独用于不宜进分离器求产和非自喷井试油的液体计量，分为承压计量罐和常压计量罐两种。

4.9.3.2 地层测试设备工具

4.9.3.2.1 地层测试小队设备

地层测试小队设备配备见表 4-18，按两个地层测试小队配备的资料解释设备见表 4-19。

表 4-18 地层测试小队设备配备

序号	设备名称	单位	数量	序号	设备名称	单位	数量
1	台式计算机	台	1	6	防毒呼吸器	个	6
2	便携式计算机	台	1	7	立式工具箱	个	1
3	打印机	台	2	8	卧式工具箱	个	1
4	气动试压泵	台	1	9	空调	台	1
5	空气压缩机	台	1	10	工程车	辆	1

表 4-19 资料解释设备配备

序号	设备名称	单位	数量	序号	设备名称	单位	数量
1	电子扫描读卡仪	台	1	6	UPS	台	1
2	台式计算机	台	1	7	解释软件	套	1
3	便携式计算机	台	1	8	装订机	台	1
4	激光打印机	台	1	9	冰箱	台	1
5	复印机	台	1	10	空调	台	1

4.9.3.2.2 地层测试工具组合

表 4-20 全表 4-25 给出了主要测试工具组合配备情况。

表 4-20 MFE 套管测试工具组合

序号	设备名称	单位	数量	序号	设备名称	单位	数量
1	反循环阀（断销式）	个	1	9	$4^3/_4$in 筛管	个	1
2	反循环阀（泵压式）	个	1	10	机械压力计	支	3
3	5in MFE	个	1	11	$4^7/_8$in 机械压力计托筒	个	3
4	5in 锁紧接头	个	1	12	时钟	个	3
5	5in 伸缩接头	个	2	13	温度计	个	3
6	5in 震击器	个	1	14	配合接头	个	6
7	$4^3/_4$in 安全接头	个	1	15	调整短节	个	2
8	7in PT 封隔器	个	1				

表 4-21 MFE 裸眼测试工具组合

序号	设备名称	单位	数量	序号	设备名称	单位	数量
1	反循环阀（断销式）	个	1	10	$4^3/_4$in 重型筛管	个	2
2	反循环阀（泵压式）	个	1	11	$7^3/_4$in 选层锚	个	1
3	5in MFE	个	1	12	机械压力计	支	3
4	5in 裸眼旁通	个	1	13	$4^7/_8$in 机械压力计托筒	个	3
5	5in 伸缩接头	个	2	14	时钟	个	3
6	5in 震击器	个	1	15	温度计	个	3
7	$4^3/_4$in 安全接头	个	1	16	配合接头	个	6
8	6in 安全密封	个	2	17	短钻铤	个	2
9	$8^1/_2$in BT 封隔器	个	2				

表 4-22 HST 套管测试工具组合

序号	设备名称	单位	数量	序号	设备名称	单位	数量
1	反循环阀（断销式）	个	1	9	$4^3/_4$in 筛管	个	2
2	反循环阀（泵压式）	个	1	10	机械压力计	支	3
3	5in HST	个	1	11	$4^7/_8$in 机械压力计托筒	个	3
4	5in 取样器	个	1	12	时钟	个	3
5	5in 伸缩接头	个	2	13	温度计	个	3
6	5in 震击器	个	1	14	配合接头	个	6
7	5in VR 安全接头	个	1	15	调整短节	个	2
8	7in RTTS 封隔器	个	1				

表 4-23 HST 裸眼测试工具组合

序号	设备名称	单位	数量	序号	设备名称	单位	数量
1	反循环阀（断销式）	个	1	10	$4^3/_4$in 重型筛管	个	2
2	反循环阀（泵压式）	个	1	11	$7^3/_4$in 选层锚	个	1
3	5in HST	个	1	12	机械压力计	支	3
4	5in 取样器	个	1	13	$4^7/_8$in 机械压力计托筒	个	3
5	5in 伸缩接头	个	2	14	时钟	个	3
6	5in 震击器	个	1	15	温度计	个	3
7	5in VR 安全接头	个	1	16	配合接头	个	6
8	6in 安全密封	个	1	17	短钻铤	个	2
9	$8^1/_2$in NR 封隔器	个	1				

表 4-24　APR 套管测试工具组合

序号	设备名称	单位	数量	序号	设备名称	单位	数量
1	5in 全通径伸缩接头	个	1	10	7in RTTS 封隔器	个	1
2	5in 通径循环阀	个	1	11	$4\frac{3}{4}$in 筛管	个	2
3	5in 全通径安全循环阀	个	1	12	电子压力计	支	3
4	5in 全通径放样阀	个	1	13	电子压力计托筒	个	3
5	5in LPR-N 测试阀	个	1	14	时钟	个	3
6	5in 全通径取样器	个	1	15	温度计	个	3
7	5in 全通径震击器	个	1	16	配合接头	个	6
8	$4\frac{5}{8}$in 液压旁通	个	1	17	调整短节	个	2
9	7in RTTS 安全接头	个	1				

表 4-25　膨胀式裸眼测试工具组合

序号	设备名称	单位	数量	序号	设备名称	单位	数量
1	反循环阀（断销式）	个	1	13	测试孔接头	个	1
2	反循环阀（泵压式）	个	1	14	间隔管	根	2
3	5in 伸缩接头	个	1	15	$7\frac{1}{4}$in 下封隔器	个	1
4	5in 液压开关工具	个	1	16	阻力弹簧	个	1
5	5in 取样器	个	1	17	盲堵	个	1
6	间隔接头	个	1	18	远程控制泵	台	1
7	5in 震击器	个	1	19	机械压力计	支	3
8	$4\frac{3}{4}$in 安全接头	个	1	20	$4\frac{7}{8}$in 机械压力计托筒	个	3
9	$5\frac{1}{2}$in 膨胀泵	个	1	21	时钟	个	3
10	5in 吸入滤网	个	1	22	温度计	个	3
11	$5\frac{1}{2}$in 释放系统	个	1	23	配合接头	个	6
12	$7\frac{1}{4}$in 上封隔器	个	1	24	调整接头	个	2

4.9.3.3　试井作业设备工具

试井作业设备工具包括专用车辆、专用井口设备、试井电缆、试井钢丝、井下工具及井下仪器等。

4.9.3.3.1 专用车辆

专用车辆包括试井车和试井仪表车。试井车分为3种：一是单一装备试井钢丝绞车的试井车，专用于起下机械式压力计和井下存储式电子压力计；二是同时装备钢丝绞车和电缆绞车的试井车，既可起下钢丝悬挂的下井仪器，也可用于井下直读式电子压力计的试井；三是"一车装"试井车，除装备绞车和起下井下仪器的辅助设备外，还配备有仪表间、发电机等设备，可同时进行起下仪器和记录。试井仪表车用于配合直读式电子压力计系统工作，装备有稳压电源、空调、工作台、信号接收转换器、计算机等。

4.9.3.3.2 专用井口设备

专用井口设备主要包括试井井口密封器和井口防喷器。试井井口密封器包括简单的用于钢丝入井时使用的防喷盒和专门用于起下电缆时密封的注脂密封头。试井井口防喷器是用于紧急控制井口油气泄漏的装置。

4.9.3.3.3 试井电缆

专门用于悬挂井下压力计和温度计并下入井底工作的电缆，其内芯一般为单芯导线，外面用双层钢丝铠装。

4.9.3.3.4 试井钢丝

试井钢丝直径为2~4mm，用合金钢材料制成，具有很高的抗拉强度，用于悬挂井下仪器。

4.9.3.3.5 井下工具

试井井下工具包括绳帽、井口仪表捕捉器、加重杆、井下打捞器、井下压力计接头、震击器、压力计投捞器等。

4.9.3.3.6 井下仪器

试井作业井下仪器有井下压力计、井下温度计、井下流量计和井下取样器等。常用试井井下仪器分类见表4-26。

表4-26 常用试井井下仪器分类

序号	类型	种类	备注
1	井下压力计	机械式压力计	分为弹簧管式机械压力计、弹簧式机械压力计、机械式微差压力计
		电子式压力计	直读式电子压力计、存储式电子压力计

续表

序号	类型	种类	备注
2	井下温度计	最高水银温度计	
		机械式温度计	分为弹簧管式温度计、双金属片式温度计
		电子式温度计	分为铂电阻温度计、半导体热敏电阻温度计、热电偶温度计
3	井下流量计	浮子式流量计	是一种机械式流量计
		涡轮式流量计	是一种电子式流量计
4	井下取样器	锤击式取样器	
		钟机定时式取样器	
		压差式取样器	
		提挂抽汲式取样器	
		挂壁式取样器	
		分层式取样器	

4.9.4 压裂作业主要设备

压裂作业设备由压裂主机和压裂辅机组成。压裂主机包括压裂车组（压裂泵车、混砂车、管汇车、仪表车）和附属件（投球器、输砂器、砂浓缩器和泡沫发生器），压裂辅机包括砂罐车、平衡车、交联泵车、低压管汇车、液氮泵车、液氮罐车、酸罐车、水罐车、水泥泵车、大客车、餐车、指挥车等。

压裂车组有两种叫法。一种是把生产厂家的名字放在"压裂车组"前面，如道威尔（DOWELL）压裂车组、哈里伯顿（HALLIBURTON）压裂车组、双S（STEWART & STEVENSON）压裂车组等；另一种是用压裂泵液力端输出的水力功率（水马力，HHP）数值放在"压裂车组"前面，如1400型车组、2000型车组。

4.9.4.1 压裂车组

各种压裂车组车型组配都基本相同，由压裂泵车、混砂车、管汇车、仪表车组成。

4.9.4.1.1 压裂泵车

压裂泵车在压裂车组中称主压车，是泵送压裂液、酸化液体进入油气层裂缝的主要设备。各种压裂泵车结构基本相同，台上设备由柴油发动机、变矩器、压裂泵组成。不同的是压裂泵类型，有三缸柱塞压裂泵、五缸柱塞压裂泵、增压泵3种类型。一般一个压裂车组中有6~8台主压车，非常规油气压裂时可多达20余台。图4-63是道威尔B504三缸柱塞压裂泵车，图4-64是哈里伯顿HQ五缸柱塞泵压裂泵车。

图 4-63　道威尔 B504 三缸柱塞压裂泵车

图 4-64　哈里伯顿 HQ 五缸柱塞泵压裂泵车

4.9.4.1.2　混砂车

混砂车将多个压裂液大罐中的液体吸入混砂罐，在混砂罐中把压裂液、各种添加剂、压裂砂混合搅拌均匀，通过计量同时供给多台压裂泵车。一般一个压裂车组中有 1~2 台混砂车。图 4-65 是道威尔 E231-100BPM "挡板加砂" 混砂车，图 4-66 是哈里伯顿 100BPM "绞龙加砂" 混砂车。

图 4-65　道威尔 E231-100BPM "挡板加砂" 混砂车

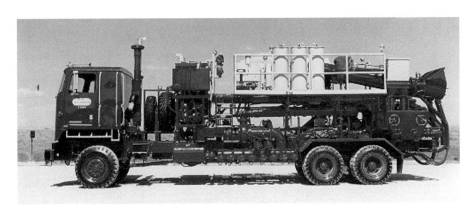

图 4-66 哈里伯顿 100BPM "绞龙加砂" 混砂车

4.9.4.1.3 管汇车

管汇车是在卡车底盘上装有一组高压、低压管汇，车上有液压吊车 1 台、管线试压泵 1 台、投球器 1 个、直径 76mm 高压管线框架 3 组、氮气包 2 个。图 4-67 是哈里伯顿管汇车。

图 4-67 哈里伯顿管汇车

4.9.4.1.4 仪表车

仪表车是压裂施工的控制、指挥中心，其核心设备是监控器和压裂泵车遥控台。主要监控混砂车排出泵涡轮流量计（排量）、混砂车排出携砂液密度（砂比）、油管压力、油套环空压力，记录泵注程序时间、油管压力、套管压力、阶段瞬时排量、阶段液量、支撑剂浓度、累计支撑剂量、阶段累计液量、总液量。图 4-68 是西方 TMV 仪表车，图 4-69 是 TMV 仪表车压裂施工基本连接方式。

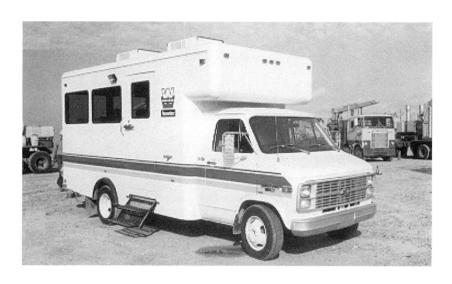

图 4-68   西方 TMV 仪表车

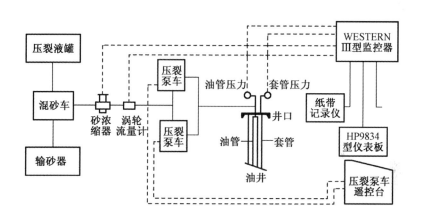

图 4-69   TMV 仪表车压裂施工基本连接方式

4.9.4.2   压裂辅机

压裂辅机包括砂罐车、平衡车、交联泵车（即常规 ACF-400 或 ACF-700 水泥车）、低压管汇车（即普通卡车）、液氮泵车、液氮罐车、酸罐车、水罐车、水泥泵车（即常规 ACF-400 或 ACF-700 水泥车）、大客车、餐车、指挥车。这里仅对砂罐车、液氮泵车做一简单介绍，酸罐车在酸化作业主要设备中介绍，参见"4.9.5.1   酸罐车（运酸车）"。其他均为油田常规使用设备。

4.9.4.2.1   砂罐车

砂罐车是在卡车上背一砂罐，砂罐容积为 $8m^3$，装满石英砂重量是 12.5t，装满陶粒重量是 14.2t。图 4-70 是 $8m^3$ 砂罐车，图 4-71 是 $100m^3$ 带输砂器的砂箱拖车。

图 4-70　8m³ 砂罐车

图 4-71　100m³ 带输砂器的砂箱拖车

4.9.4.2.2　液氮泵车

液氮泵车是一种独立的液氮储运、泵送及转换装置，能在低压状态下短期储存和运输液氮，并能把低压液氮转换成高压液氮或高压常温氮气排出。常用的是 NTP400F15 型液氮泵车，由运载卡车、液氮发生器、台上柴油机、高压液氮泵、液氮储罐等组成，如图 4-72 所示。

图 4-72　液氮泵车

4.9.5 酸化作业主要设备

酸化作业主要设备包括酸化泵车、酸罐车、配酸车、灌注车、管汇车、仪表车、液氮泵车、连续油管车等。另外，还需要酸站进行配套。酸化泵车、管汇车、仪表车、液氮泵车与压裂作业设备相同。连续油管车参见"4.9.1　连续油管车"。

4.9.5.1 酸罐车（运酸车）

酸罐车是将成品酸从化工厂运至酸站储存，再将酸站配制的加有添加剂的酸液运至井场。目前油气田常用的酸罐车容积有 $10m^3$、$12m^3$。如图 4-73 所示，CTA-12 型酸罐车主要由运载车、酸罐、压风机组成，采用圆形罐内衬耐酸橡胶，排放采用气加压。

图 4-73　CTA-12 型酸罐车

4.9.5.2 配酸车（配液车）

配酸车主要用于酸化前在施工现场配酸和配制速溶型水基压裂液。这种车多由各油气田自行设计制造，并根据油田配制酸液和压裂液类型、工艺要求和特点不断改进，有的油田直接用水泥车配制。现场常用的配酸车由运载卡车底盘、耐酸泵、搅拌系统、管汇等组成。

4.9.5.3 灌注车（供液车）

灌注车是在酸化施工时，以一定的压力和排量向酸压泵车泵送酸液或其他工作液。在酸压施工时用灌注车负责供酸液，用压裂混砂车供压裂液。灌注车一般由各油气田自行设计制造，并根据酸化规模工艺要求不断改进。常用的灌注车是 SDPS-1 型供酸液车，由运载底盘卡车、动力、耐酸泵、管汇等组成。

4.10　完井工程主要材料

4.10.1　完井作业主要材料

完井作业主要材料包括井口装置、油管、完井液、完井工具等。

4.10.1.1　井口装置

井口装置安装在井口位置，用于悬挂油管柱、套管柱，密封油管与套管和两层套管之间的环形空间以控制油气井生产。井口装置由油管头和采油树（采气树）组成，如图4-74所示。

图 4-74　井口装置

4.10.1.1.1　油管头

油管头安装在生产套管头顶部法兰处，用来悬挂油管柱，密封油管与套管环形空间，控制生产作业和录取生产套管压力、温度等资料。油管头由油管悬挂器、顶丝、生产套管四通、套管阀门、截止阀、压力表等组成。通过生产套管四通两侧连接的套管闸门，可以进行注平衡液、压井、洗井及循环等作业。

4.10.1.1.2　采油树（采气树）

采油树安装在油管头顶部连接法兰处，控制油气水井生产，满足完井作业、清蜡、测试、录取油管压力与温度、取样以及进行日常维修作业。采油树由总阀门、生产阀门、清蜡阀门或测试阀门、三通或四通、油嘴和压力表及截止阀等部件组成，形状类似树枝状结构。

采油树按结构型式分为单管采油树和双管采油树，按连接型式分为螺纹连接、法兰连接和卡箍连接3种。采油树最大工作压力由采油树各零部件中的最小工作压力确定。采油树和采气树技术参数示例见表4-27和表4-28。

表 4−27　采油树技术参数示例

序号	型号	工作压力(MPa)	连接方式	公称通径(mm)	连接油管(mm)	阀门类型	阀门数量
1	KYS25/65DG	25	卡箍	65	73	闸板	6
2	KYS25/65SL	25	卡箍	65	73	闸板	3
3	KYS15/62DG	15	卡箍	65	73	球阀	3
4	KYS8/65	8	卡箍	65	73	闸板	4
5	KYS21/65	21	法兰	65	73	闸板	6

表 4−28　采气树技术参数示例

序号	型号	工作压力(MPa)	连接方式	连接套管(mm)	连接油管(mm)	阀门类型
1	KQS25/65	25	卡箍、法兰	146~219	73	闸阀
2	KQS35/65	35	卡箍、法兰	146~168	73	楔式闸阀
3	KQS60/65	60	卡箍、法兰	146~168	73	楔式闸阀
4	KQS70/65	70	卡箍、法兰	178	73	平板闸阀
5	KQS40/65	40	卡箍、法兰			平板闸阀
6	KQS105/65	105	卡箍、法兰			平板闸阀

4.10.1.2　油管

油管是用于油气井试油和生产的石油专用钢管。由本体和接箍组成，油管本体采用无缝钢管制造，油管接箍分为外加厚接箍和未加厚接箍。

4.10.1.2.1　油管规范

主要有油管外径、内径、壁厚、长度、单位长度重量、接箍长度、螺纹型式、钢级等，常用钢级有 J55、K55、N80、P110 等。

4.10.1.2.2　常用油管性能指标

常用油管性能指标见表 4−29。

表 4−29　常用油管性能指标

性能指标 / 加厚方式	外径[mm (in)]	壁厚(mm)	内径(mm)	重量(kg/m)	内容积(L/m)	接箍外径(mm)	接箍长度(mm)
两端外加厚	73.0 (2⁷/₈)	5.51	62.00	9.67	3.02	93.20	133.40
		7.82	57.40	12.95	2.59		
	88.9 (3¹/₂)	6.45	76.00	13.84	4.54	114.30	146.10
		9.53	69.86	19.27	3.83		

续表

性能指标 加厚方式	外径 [mm（in）]	壁厚 (mm)	内径 (mm)	重量 (kg/m)	内容积 (L/m)	接箍外径 (mm)	接箍长度 (mm)
两端未加厚	73.0 ($2^7/_8$)	5.51	62.00	9.50	3.02	88.90	130.20
		7.01	59.00	11.46	2.73		
	88.9 ($3^1/_2$)	6.45	76.00	13.69	4.54	108.00	142.90
		7.34	74.20	15.18	4.33		
		9.53	69.90	18.90	3.83		

4.10.1.3 完井液

4.10.1.3.1 洗井液

洗井液性能要根据井筒污染情况和地层物性来确定，要求洗井液与油气层有良好的配伍性。洗井液的相对密度、黏度、pH 值和添加剂性能应符合施工设计要求。

（1）在油层含有黏土矿物的井中，要在洗井液中加入防膨剂。

（2）在低压漏失地层井洗井时，要在洗井液中加入增黏剂和暂堵剂或采取混气措施。

（3）在稠油井洗井时，要在洗井液中加入表面活性剂或高效洗油剂，或者采用热油洗井。

（4）当地层压力大于静水柱压力时，可采用水基洗井液。

（5）当地层压力小于静水柱压力时，可采用油基洗井液或者选择暂堵、蜡球封堵、大排量联泵洗井、气化液洗井等方式。

（6）洗井液量为井筒容积的 2 倍以上。

4.10.1.3.2 射孔液

射孔液按基液不同分为水基、油基、酸基 3 种类型，按是否含有固相分为无固相射孔液和有固相射孔液。常用射孔液类型见表 4—30。

表 4—30　常用射孔液类型

序号	类型	组成	用途
1	清洁盐水射孔液	氯化物＋溴化物＋有机酸盐类＋清洁淡水＋缓蚀剂＋pH 调节剂＋表面活性剂	适用于地层压力系数大于 1 的储层，最常用
2	聚合物射孔液	无固相聚合物盐水射孔液：清洁盐水＋非离子/阴离子增黏剂＋降滤失剂	适用于裂缝性或高渗透率的孔隙性储层
		暂堵性聚合物射孔液：清水或盐水＋增黏剂（如生物聚合物 XC 或羟乙基纤维素 HEC）＋桥堵剂（超细碳酸钙或盐粒或油溶性树脂）	适用于酸化后投产储层、含水饱和度高和产水量储层、油产量较大储层
3	油基射孔液	油包水胶束溶液：原油或柴油＋添加剂 油包水型乳状液：柴油＋酸＋乳化液＋盐水	适用于低渗透率、低孔隙度、低压力和强水敏性的深井、超深井和复杂井，应用较少

序号	类型	组成	用途
4	酸基射孔液	常规酸基射孔液：醋酸或稀盐酸＋缓蚀剂＋阳离子黏土稳定剂 隐性酸基射孔液：海水或盐水＋盐类＋阳离子黏土稳定剂＋缓蚀剂＋密度调节剂	用于灰质砂岩或石灰岩储层，不适用于酸敏性及含硫化氢高的储层，应用较少
5	乳化液射孔液	油包水乳化液：柴油或原油＋盐水＋乳化液＋密度调节剂＋聚合物 水包油乳化液：淡水或盐水＋柴油或原油＋乳化液＋密度调节剂＋聚合物	适用于低压易漏失砂岩、稠油和古潜山裂缝性储层，应用较少

4.10.1.3.3　压井液

压井液指在试油作业过程中，用来控制地层压力的液体。选择压井液原则：要对油层造成的损害程度最低；性能应满足本井、本区块地质要求；能满足作业施工要求，达到经济合理。

压井液密度选择很重要，要遵循"压而不喷、压而不漏、压而不死"的原则，压井液密度计算公式为

$$\rho = 102p/H + \rho_{附加} \qquad (4-1)$$

式中　ρ——压井液密度，g/cm³；

　　　p——油井静压，MPa；

　　　H——油层中部深度，m；

　　　$\rho_{附加}$——密度附加值，油水井为 $0.05 \sim 0.10$g/cm³，气井为 $0.07 \sim 0.15$g/cm³。

压井液用量计算公式为

$$V = \pi r^2 h(1+k) \qquad (4-2)$$

式中　V——压井液用量，m³；

　　　r——套管内半径，m；

　　　h——压井深度，m；

　　　k——附加量，取 $15\% \sim 30\%$。

4.10.1.4　完井工具

在井筒准备工序中主要有通井规、刮削器；在诱喷排液工序中主要有管式泵、杆式泵、螺杆泵、水力活塞泵、水力喷射泵；在封井工序中主要有桥塞等。

4.10.2　射孔作业主要材料

射孔作业主要材料包括射孔枪、射孔弹等。

4.10.2.1 射孔枪

射孔枪又称射孔器，由枪身、弹架、枪头、枪尾和密封件组成。分为子弹式射孔枪、聚能射孔枪和复合射孔枪。子弹式射孔枪一般用于软地层射孔。聚能射孔枪利用聚能射孔弹引爆后产生的高温高压高速聚能射流完成射孔作业，分为有枪身和无枪身两大类，现场应用最广泛。有枪身聚能射孔枪穿孔性能指标见表 4–31。复合射孔枪一次下井可完成射孔和高能气体压裂两项作业。

表 4–31 有枪身聚能射孔枪穿孔性能指标

射孔枪外径（mm）	射孔弹			孔密（孔 /m）	适用最小套管外径（mm）	混凝土靶检测结果	
	名称	型号	单发药量（g）			平均孔径（mm）	平均穿深（mm）
51	51 弹	DP26RDX–2	7.0	16	88.9	7.2	202
60	60 弹	DP30RDX–2	11.0	12	88.9	7.2	309
73	73 弹	DP33RDX–2	16.0	16	101.6	8.5	395
89	89 弹	DP36RDX–1	24.5	13，16，20	127.0	8.8	485
89	89 复合弹			13，16	127.0	10.0	485+ 缝
102	89 弹	DP36RDX–1	24.5	32	139.7	8.2	375
102	102 弹	DP44RDX–1	31.5	16，20	139.7	8.8	580
102	127 弹	DP44RDX–3	38.0	16	139.7	10.5	690
127	89 弹	DP36RDX–1	24.5	40	177.8	10.9	463
127	127 弹	DP44RDX–3	38.0	16，20	177.8	11.7	720
127	1 米弹	DP51RDX–1	43.0	16	177.8	12.3	1050
140	102 弹	DP44RDX–1	31.5	32	177.8	11.0	534
159	102 弹	DP44RDX–1	31.5	40	244.5	11.6	602
178	127 弹	DP44RDX–3	38.0	40	244.5	12.0	700

4.10.2.2 射孔弹

聚能射孔弹是使用最广泛的射孔弹，也是射孔效率最高的射孔弹。按用途分为有枪身聚能射孔弹和无枪身聚能射孔弹两种；按耐温级别分为常温、高温和超高温三种；按穿孔类型分为深穿透射孔弹和大孔径射孔弹两种。

4.10.3 压裂作业主要材料

压裂作业主要材料包括压裂工具、压裂液添加剂和压裂支撑剂。

4.10.3.1 压裂工具

常用压裂工具主要有 3 种：封隔器、桥塞、喷砂器。

4.10.3.1.1 封隔器

封隔器用来分层压裂、保护套管，分为水力压差式和水力机械式两种。表4-32给出了常用压裂封隔器技术参数。

表4-32 压裂封隔器技术参数

型号	最大外径 （mm）	最小内径 （mm）	长度 （mm）	坐封压力	工作压差 （MPa）	工作温度 （℃）	解封负荷 （kN）
Y221	120～169	44～60	1292～1526	20MPa	70	130	15
Y341	112～115	50	1300	15MPa	25～80	150	15～20
Y111	100～145	50～62	780～1226	60～80kN	15～50	120～150	15～20
Y211	114	50	1960	60～100kN	8～25	120	20

4.10.3.1.2 桥塞

压裂作业主要采用可取式桥塞。常用可取式桥塞技术参数见表4-33。

表4-33 可取式桥塞技术参数

型号	外径 （mm）	内径（mm）	长度 （mm）	工作压差 （MPa）	工作温度 （℃）	解封拉力 （kN）	备注
QSA-114-50	114		598	50	150	20～30	普通型
QSA-114-70	114		648	70	175	20～30	普通型
QSB-114-50	114	36	666	50	150	30～40	挂壁型
QSB-114-70	114	36	716	70	175	30～40	挂壁型
QSA-150-50	150		682	50	150	30～40	普通型
QSA-150-70	150		682	70	175	30～40	普通型
QSB-150-50	150	52	806	50	150	40～50	挂壁型
QSB-150-70	150	52	806	70	175	40～50	挂壁型

4.10.3.1.3 喷砂器

主要分为弹簧式和喷嘴式两种。压裂时，喷砂器与封隔器配合使用，实现分层压裂。

4.10.3.2 压裂液添加剂

4.10.3.2.1 压裂液分类

压裂液根据作用不同分为投球液、前垫液、预前置液、前置液、携砂液、顶替液；根据基液和液态分为水基压裂液、油基压裂液、酸基压裂液、多相液压裂液，见表4-34。

表 4-34　压裂液分类

序号	类型	种　　类	使用范围
1	水基压裂液	活性水压裂液、线性胶压裂液、水基冻胶压裂液	大多数地层，应用最广泛
2	油基压裂液	磷酸脂铝盐油冻胶压裂液、脂肪酸皂类稠化油压裂液、醇基金属盐稠化油压裂液、脲稠化油压裂液、油溶性高分子稠化油压裂液	强水敏、低压地层，应用较广泛
3	酸基压裂液	活性酸压裂液、稠化酸压裂液、交联酸冻胶压裂液	碳酸盐岩、灰岩地层
4	醇基压裂液	稠化醇压裂液、醇冻胶压裂液、醇泡沫压裂液	低压、低渗、水敏地层
5	乳状压裂液	水包油乳状压裂液、油包水乳状压裂液	强水敏、低压地层
6	泡沫压裂液	活性水泡沫压裂液、线性胶泡沫压裂液、水基冻胶泡沫压裂液、酸泡沫压裂液、油泡沫压裂液	低压、水敏地层和含气层
7	清洁压裂液		低压、低渗、水敏地层

4.10.3.2.2　压裂液添加剂种类

压裂液添加剂种类很多，水基压裂液的添加剂主要有稠化剂、交联剂、破胶剂、助排剂、黏土稳定剂、pH 值调节剂、杀菌剂、破乳剂、降滤失剂；油基压裂液的添加剂主要有稠化剂、交联剂、破胶剂；乳状压裂液的添加剂除了水基压裂液中的主要添加剂外，还必须使用乳化剂；泡沫压裂液的添加剂除了水基压裂液中的主要添加剂外，还常使用起泡剂和稳泡剂。表 4-35 给出了压裂液添加剂分类及作用。

表 4-35　压裂液添加剂分类及作用

序号	种　类	作　用	举　例
1	稠化剂	增黏溶剂，并提供可交联基团	植物胶及其衍生物
2	交联（整合）剂	提供交联离子，交联稠化剂	无机硼、有机硼、钛、锆
3	杀菌剂（细菌抑制剂）	杀灭压裂液基液中的细菌	季铵盐或醛类
4	消泡剂	抑制压裂液配制过程中的泡沫形成	
5	降滤失剂	降低压裂液滤失量	柴油、油溶性树脂、粉砂
6	分散剂	改善滤失剂的分散稳定性	表面活性剂
7	pH 值调节剂	调节溶液 pH 值	$NaOH$、Na_2CO_3
8	胶束剂	胶束压裂液中形成胶束	表面活性剂
9	温度稳定剂	提高压裂液耐温能力	硫代硫酸钠
10	降阻剂	降低摩擦阻力	聚丙烯酰胺类
11	起泡剂	泡沫压裂液形成泡沫	表面活性剂（ABS、甜菜碱）
12	稳泡剂	保持泡沫压裂液形成的稳定泡沫	水基压裂液稠化剂、椰子酰单乙醇胺

序号	种　类	作　用	举　例
13	乳化剂	乳化压裂液的油水乳化	表面活性剂
14	破胶剂	破胶降解、降低分子质量	过氧化物、酶
15	黏土稳定剂	稳定黏土矿物，防止分散运移堵塞	KCl、聚季铵盐
16	助排剂	降低表面／界面张力	表面活性剂
17	破乳剂	减少压裂液在地层中的油水乳化	SP169、AE 系列
18	阻垢剂	防止压裂液在地层中形成垢	
19	滤饼溶解剂	溶解在压裂过程中形成的滤饼	FCS－6
20	低温破胶活化剂	活化低温破胶活性物质	LTB－6

4.10.3.3　压裂支撑剂

用于支撑压裂张开裂缝的具有一定强度的颗粒状物体，主要是天然石英砂和人造陶粒。常用支撑剂的主要性能指标见表 4－36。

表 4－36　常用压裂支撑剂性能指标

支撑剂名称	粒径范围（mm）	目数（目）	闭合压力（MPa）	允许最大破碎率（%）
天然石英砂	1.25～0.90	16～20	21	≤ 14
	0.90～0.45	20～40	28	≤ 14
	0.45～0.22	40～70	35	≤ 8
人造陶粒	1.25～0.90	16～20	52	≤ 25
	0.90～0.45	20～40	52	≤ 10
	0.45～0.22	40～70	52	≤ 8

4.10.4　酸化作业主要材料

酸化作业主要材料包括酸化工具、酸液和添加剂。

4.10.4.1　酸化工具

常用酸化工具主要有封隔器、桥塞两种，与压裂作业相同，参见"4.10.3.1　压裂工具"。

4.10.4.2　酸液

常用的酸液主要有盐酸和土酸两种。表 4－37 给出了常用酸液种类及用途。

表4-37 常用酸液种类及用途

类型	酸液种类	浓度（%）	适用地层	用途
盐酸	普通盐酸	7~15	石灰岩	酸压、解堵酸化
			含灰质砂岩	解堵酸化
			砂岩	解除注水铁锈及细菌堵塞
	高浓度盐酸	28~31	石灰岩	酸压
	低浓度盐酸	0.5~5	砂岩	注水井增注
土酸	普通土酸	盐酸7~15 氢氟酸1~6	砂岩、石灰岩及其他岩类	解除钻井液堵塞
			砂岩（含灰质少、含泥质高）	注水井增注
			砂岩	改造油气层
	高浓度土酸	盐酸10~12 氢氟酸9~14	砂岩	注水井增注

加入各种添加剂后形成酸液体系，碳酸盐岩储层常用酸液体系有常规盐酸、有机酸（甲酸、乙酸）、稠化酸（胶凝酸）、泡沫酸、乳化酸、自转向酸；砂岩储层常用酸液体系有常规土酸、氟硼酸、醇土酸、有机土酸、自生土酸体系、磷酸体系。

4.10.4.3 酸液添加剂

常用的酸液添加剂主要有缓蚀剂、黏土稳定剂、铁离子稳定剂、助排剂、破乳剂。常见酸液添加剂分类见表4-38。

表4-38 常用酸液添加剂分类

序号	类型	种类	典型添加剂
1	缓蚀剂	无机缓蚀剂	砷化合物
2		有机缓蚀剂	
3		缓蚀增效剂	碘化钾、碘化亚铜、甲酸
4	黏土稳定剂	无机盐类、聚季铵盐类聚合物	KCl、NH₄Cl、CT12-1
5	铁离子稳定剂	pH值控制剂	乙酸
6		螯合剂	柠檬酸、乙二胺四乙酸
7		还原剂	异抗坏血酸、异抗坏血酸钠
8	助排剂		CF-4A、CF-5B、FZ-43、SD2-9、CT5-4
9	破乳剂		AS、ABS、SD1-7、PEN-5、SD-1

参 考 文 献

[1] 黄伟和. 钻井工程造价管理概论 [M]. 北京：石油工业出版社，2016.

[2] 黄伟和. 钻井工程工艺 [M]. 北京：石油工业出版社，2016.

[3] 黄伟和. 钻井工程设备与工具 [M]. 北京：石油工业出版社，2018.

[4] 黄伟和. 钻井工程全过程造价管理 [M]. 北京：石油工业出版社，2020.

[5] 黄伟和，刘海. 钻井工程全过程工程量清单计价方法 [M]. 北京：石油工业出版社，2020.

[6] 黄伟和. 石油天然气钻井工程工程量清单计价方法 [M]. 北京：石油工业出版社，2012.

[7] 黄伟和，刘文涛，司光，魏伶华. 石油天然气钻井工程造价理论与方法 [M]. 北京：石油工业出版社，2010.

[8] 刘宝和. 中国石油勘探开发百科全书：工程卷 [M]. 北京：石油工业出版社，2008.

[9] [美] M．J．埃克诺米德斯，L．T．沃特斯，S．邓恩－诺曼. 油井建井工程——钻井·油井完井 [M]. 万仁溥，张琪，编译. 北京：石油工业出版社，2001.

[10] 万仁溥. 现代完井工程（第二版）[M]. 北京：石油工业出版社，2000.

[11] 中国石油天然气集团公司统计核算研究组. 统计核算指标解释 [M]. 北京：石油工业出版社，2016.

[12] GB 8978—1996，污水综合排放标准 [S]. 北京：中国标准出版社，1998.

[13] GB 50183—2015，石油天然气工程设计防火规范 [S]. 北京：中国计划出版社，2015.

[14] SY/T 5087—2017，硫化氢环境钻井场所作业安全规范 [S]. 北京：石油工业出版社，2017.

[15] SY/T 5225—2019，石油天然气钻井、开发、储运防火防爆安全生产技术规程 [S]. 北京：石油工业出版社，2020.

[16] SY/T 5518—2010，石油天然气井位测量规范 [S]. 北京：石油工业出版社，2010.

[17] SY/T 5596—2009，钻井液用处理剂命名规范 [S]. 北京：石油工业出版社，2010.

[18] SY/T 5964—2019，钻井井控装置组合配套、安装调试与使用规范 [S]. 北京：石油工业出版社，2006.

[19] Q/SY 1011—2012，钻井工程劳动定员 [S]. 北京：石油工业出版社，2012.

[20] Q/SY 1026—2015，测井工程劳动定员 [S]. 北京：石油工业出版社，2015.

[21] Q/SY 11027—2016，井下作业工程劳动定员 [S]. 北京：石油工业出版社，2016.

[22] Q/SY 1067—2012，井下作业劳动定额 [S]. 北京：石油工业出版社，2012.

[23] Q/SY 1280—2010，录井工程劳动定额 [S]. 北京：石油工业出版社，2010.